Florian Besch • Ulrich Cimolino • Lars Lorenzen •
Ulrich Wolf

SER
Einsätze bei Anlagen Erneuerbarer Energien

2. Auflage

ecomed
SICHERHEIT

Bibliografische Information der deutschen Nationalbibliothek
Die deutsche Nationalbibliothek verzeichnet diese Publikation in der Deutschen Nationalbibliografie; detaillierte bibliografische Daten sind im Internet über <http://dnb.de> abrufbar.

Bei der Herstellung des Werkes haben wir uns zukunftsbewusst für umweltverträgliche und wiederverwertbare Materialien entschieden. Der Inhalt ist auf elementar chlorfreies Papier gedruckt.

Aus Gründen der besseren Lesbarkeit wird in diesem Werk die Sprachform des generischen Maskulinums angewendet. Es wird darauf hingewiesen, dass die ausschließliche Verwendung der männlichen Form geschlechtsunabhängig zu sehen ist.

ISBN: 978-3-609-69232-6

E-Mail: kundenservice@ecomed-storck.de

Telefon: 089/2183-7922
Telefax: 089/2183-7620

www.ecomed-storck.de

Titelbild: Marc Gerseker, Bad Ihburg

Satz: FotoSatz Pfeifer GmbH, Krailling
Druck: CPI books GmbH, Leck

Vorwort

Mit der Reihe zu „Standard-Einsatz-Regeln“[1] (SER) haben es sich Herausgeber und Autoren vorgenommen, auch im deutschen Sprachraum zusammen mit der Reihe „Einsatzpraxis“ inhaltlich aufeinander abgestimmte Feuerwehr-Fachliteratur zu veröffentlichen.

Aufgrund der unterschiedlichen Struktur und Ausrüstung der verschiedenen Feuerwehren ist es nicht möglich, allgemeingültige und für alle passende Standard-Einsatz-Regeln zu veröffentlichen.

Die Broschüren der Reihe „Standard-Einsatz-Regeln“ sollen daher nach einer relativ kurzen[2] einleitenden Erklärung zu den fachlichen Hintergründen des Themas einen Taktikbereich so allgemein beschreiben, dass er für alle Einheiten mit der dafür notwendigen Ausbildung und Ausrüstung auch anwendbar ist, dabei jedoch so detailliert sein, dass Verwechslungen bzw. Missverständnisse ausgeschlossen werden können.

Im Zuge der in Japan 2011 durch Erdbeben, Tsunami und deren Folgen u.a. mit Explosionen in einem Kernkraftwerk mit anschließender großflächiger Kontamination erlebten Katastrophen wurde für Deutschland von der Politik kurzfristig die „Energiewende“ beschlossen. Hier spielen die sogenannten „Erneuerbaren Energien“ eine wesentliche Rolle und werden verstärkt ausgebaut werden müssen, um die Energiewende überhaupt zu ermöglichen. Viele Einsatzkräfte haben damit immer noch keine oder zu wenig Erfahrungen und sind angesichts verschiedener Medienberichte verunsichert. Um hier die wichtigsten Grundkenntnisse und Einsatzverfahren zu beschreiben, haben wir u.a. die Einsatzempfehlungen verschiedener Verbände, Einsatzerfahrungen sowie die beruflichen Hintergründe der Verfasser berücksichtigt.

Mit diesem Werk stehen Ihnen innerhalb der Reihe „SER“ alle notwendigen Basisinformationen zur Präzisierung bzw. Ausgestaltung örtlicher

[1] Aus den amerikanischen Standard-Operations-Procedures (SOP) für die Buchreihe Einsatzpraxis und entsprechende Fachartikel „eingedeutscht“. Vgl. zu den SER: CIMOLINO, 2003; GRAEGER, 2003–2009.

[2] Es ist innerhalb der Reihe zu den SER unmöglich, alle Hintergrundinformationen ausführlich zu beschreiben. Hier sei auf die Buchreihe „Einsatzpraxis“ mit ausführlichen Erklärungen und Praxisbeispielen sowie auf die angegebene weiterführende Literatur verwiesen.

Standard-Einsatz-Regeln zum Einsatz bei Anlagen mit Erneuerbaren Energien zur Verfügung.

Allgemeine Hinweise zur Reihe sowie weitergehende Informationen zu den verschiedenen Heften und Autoren finden Sie auf unserer Homepage www.standardeinsatzregel.org.

Die Inhalte dieser Empfehlung werden in den folgenden Büchern der Reihe Einsatzpraxis, ecomed-Storck GmbH, Landsberg am Lech, weiter vertieft:

- Atemschutz: CIMOLINO, 1999–2011
- Brandbekämpfung mit Wasser und Schaum: DE VRIES, 2000–2008
- Einsatz- und Abschnittsleitung: GRAEGER, 2003–2009

Die Autoren respektieren die Leistung aller weiblichen Feuerwehrangehörigen. Frauen bereichern die Feuerwehren und ohne sie ist ein flächendeckendes Feuerwehrsystem auf weitgehend ehrenamtlicher Basis nicht zu erhalten. Im Sinne der Lesbarkeit haben wir auf die weibliche Form verzichtet, ohne damit den Eindruck erwecken zu wollen, dass Feuerwehr „Männersache" sei. Als geschlechtsneutrale Abkürzung wird FA (für Feuerwehr-Angehörige) bzw. EK (für Einsatzkraft) benutzt.

Wie für alle anderen Bücher dieser Reihe gilt auch hier, dass die Aktualität der Aufnahmen vor hoher Auflösung geht. Sie finden also Bilder, die nicht unbedingt höchsten fotografischen Ansprüchen genügen. Außerdem finden Sie auch ältere Bilder zur Erläuterung bestimmter Sachverhalte, die lokal schon geändert sein können – u.a., weil wir in der früheren Ausgabe darauf hingewiesen haben.

Aufgrund der besonderen Aussagen der Aufnahmen, gerade aus Anfangsphasen von Einsätzen, legen wir auf die technische Qualität weniger Wert wie auf die inhaltliche.

An der ersten Auflage hatte noch Markus Weber den landwirtschaftlichen Teil erarbeitet. Leider war es ihm für diese Überarbeitung nicht mehr möglich, nochmals mitzuwirken, seine Aufgaben hat Lars Lorenzen übernommen.

Wir bedanken uns für die Unterstützung bei den Vorarbeiten und der Erstellung bei

- Toni Baumann, Fachberater und Sachverständiger für Biogasanlagen, Störfallbeauftragter, Explosionsschutzbeauftragter
- Johann Braun, Kreisbrandmeister und Kdt. Feuerwehr Cham
- Höhenrettungsgruppe Feuerwehr Altenbeke
- Benjamin Tschirley, Hamburg
- Thomas Weege; Feuerwehr Norden/Bard Offshore
- Klaus Wendel; Feuerwehr Herrstein

Die zweite Auflage erscheint komplett überarbeitet und mit vielen Aktualisierungen.

Völklingen, Düsseldorf, Daldorf, Bad Hersfeld im Mai 2024

Florian Besch, Ulrich Cimolino, Lars Lorenzen, Ulrich Wolf

Die Autoren

Besch, Florian
Von 1997 bis 2012 FF Völklingen; von 2000 bis 2004 Soldat auf Zeit, eingesetzt u.a. in einem integrierten Nato-Stab; von 2004 bis 2005 Ausbildung zum Rettungsassistenten; seit 2014 THW OV Saarwellingen.

Cimolino, Dr. Ulrich
1986–1991 Studium der Sicherheitstechnik an der Universität Wuppertal, dort 2014 berufsbegleitend Promotion zum Dr. rer. sec.
Seit 1981 FF Pfarrkirchen, 1991–2024 hDFeu bei der Feuerwehr Düsseldorf
Mitglied verschiedener landes- und bundesweiter bzw. europäischer Feuerwehrgremien
Seit 2019 Leiter AK Waldbrand im DFV
Seit 2021 Vorsitzender Expertenkommission Starkregen der vfdb
Inhaber Ingenieurbüro für Beratung und Gutachten zu Fragen der Einsatztaktik und -technik

Lorenzen, Lars
1990–1999 JF und FF Bad Segeberg
Seit 1998 BF Hamburg
1999–2001 Feuer- und Rettungswache Stellingen
Seit 2000 Rettungsassistent
Seit 2001 SEGS Schiffsicherung
2001–2003 Feuer- und Rettungswache Berliner Tor
2004–2005 Feuer- und Rettungswache Innenstadt
2006 Aufstieg in den gehobenen feuerwehrtechnischen Dienst (heute LG 2.1)

2007–2009 Fahrzeugführer Feuer- und Rettungswache Rotherbaum
2010–2016 Fachlehrer und Koordinator an der Feuerwehrakademie Hamburg Fachbereich ABC-, Umwelt- und Atemschutz
Einführung des Sicherheitstruppkonzeptes bei der Feuerwehr Hamburg
Atemschutzkonzept Elbtunnelfeuerwehr
Hamburger Atemschutztage
2017–2019 Feuer- und Rettungswache Berliner Tor – Zugführer und Wachabteilungsführer
Seit 2020 Technik- und Umweltschutzwache Hamburg – Wachabteilungsführer, Rüst- und ABC-Zugführer
Seit 2021 Mitglied in der analytischen Taskforce Deutschland (ATF-DE)
Seit 2022 Zusatzqualifikation Fachberater Umweltschutz (U-Dienst der BF HH)

Wolf, Ulrich
Informationselektroniker
Handelsfachwirt
Seit 2000 FF Bad Hersfeld, Zugführer
Seit 2011 Herausgeber von www.pvsafety.de

Inhaltsverzeichnis

1 Einleitung

von U. CIMOLINO

Die Energiewende fördert seit Jahren massiv den Umstieg auf Erneuerbare Energien, das hat Folgen v.a. für die Energieerzeugung (viel mehr und viel größere Anlagen in immer mehr Gebieten) und für die Stromverteilung. Das Verteilernetz muss weiter stark ausgebaut werden, um den Ansprüchen genügen zu können.

Waren so vor wenigen Jahren allenfalls vereinzelt Photovoltaikanlagen auf Dächern ein noch ungewohnter Anblick, so ziehen heute immer mehr dieser Anlagen auf Dächern, an Straßenböschungen, in Feldern oder extra dafür errichteten Dach- oder Balkonkonstruktionen die Blicke auf sich. Ein weiterer Trend sind aufgrund geringer Einspeisevergütungen die Eigennutzung der erzeugten Energie im Heimbereich. Dies erfolgt immer häufiger durch den Einsatz von Batteriespeichern (Li-Ionen-Akkus aktuell bis 39 kW/h) und/oder die Einbindung einer Ladeinfrastruktur für die Elektromobilität. Zukünftig ist die Einbindung der leistungsfähigeren Akkus in den Elektrofahrzeugen durch bi-direktionales Laden (sprich Laden des Fahrzeugs – und Entladen = Abgabe ans Haus) in die gesamte Infrastruktur geplant.

Windenergieanlagen (WEA) wurden in den letzten 10 Jahren massiv und fast überall in Deutschland stark ausgebaut. Die Anlagen nehmen dazu auch in den Dimensionen (hier v.a. der Höhe) stark zu!

Andere Anlagen der Erneuerbaren Energien sind dagegen nicht so leicht zu erkennen, weil sie häufig in Gebäuden eingebaut und nicht gekennzeichnet sind.

Foto oben: © AdobeStock (Christian Schulz)

Nicht allen Einsatzkräften sind diese Anlagen bekannt. Eine Kennzeichnungspflicht gibt es derzeit nicht. Sie können die Risiken nur schlecht einschätzen und sind oft völlig verunsichert über das richtige und v.a. möglichst gefahrlose Vorgehen.

In den folgenden Kapiteln beschreiben wir den grundsätzlichen Aufbau der derzeit wesentlichen Formen für Anlagen Erneuerbarer Energien, die damit einhergehenden Risiken sowie die grundsätzliche einsatztaktische Vorgehensweise. Natürlich gibt es dazu auch noch weitere Anlagen zur Erzeugung Erneuerbarer Energien, wie z.B. Wasserkraftwerke. Die gibt es aber seit Jahrhunderten und sie werden hier nicht weiter thematisiert.

2 Photovoltaik

von U. WOLF

2.1 Aufbau/Technik

2.1.1 Funktionsweise

2.1.1.1 Solarmodul

Um mit einer Solarstromanlage elektrische Energie zu erzeugen, nutzt man den photovoltaischen Effekt, also die Umwandlung von Licht in elektrische Energie. Der photovoltaische Effekt wurde bereits 1839 entdeckt, ist also eigentlich alles andere als „neu". Dennoch ist die verbaute Fläche sowie die Leistungsfähigkeit der käuflich zu erwerbenden Solarmodule in den letzten Jahren deutlich angestiegen.

Die häufig verwendeten Solarzellen (kristalline Solarzellen) bestehen aus dünnen Siliziumscheiben (Dicke ca. 0,2–0,3 mm), so genannte Wafer.

Ausgangsmaterial für das Silizium, wie es auch in der Elektronik für Halbleiterbauelemente verwendet wird, ist Quarzsand (SiO_2).

Weitere Bestandteile der Solarmodule sind: Glas (ESG), Klebstoffe, Silikon, verschiedene Kunststoffe und Aluminium.

Zur Erklärung der Funktion beschränken wir uns im Folgenden auf die kristalline Solarzelle.

Foto oben: Wolf, Bad Hersfeld

Abb. 1 bis 4: Siliziumstücke, -würfel, -scheiben und Wafer. (Fotos: Wolf, Bad Hersfeld)

Der Lichteinfall auf die Solarzelle lässt eine elektrische Spannung durch Ladungstrennung der unterschiedlichen Halbleiterschichten entstehen. Diese Spannung beträgt bei Silizium ca. 0,5 Volt. Um diese Gleichspannung technisch zu nutzen, werden mehrere Solarzellen zu Solarmodulen zusammengesetzt und in Reihe geschaltet. Die Gleichspannung der einzelnen Zellen addiert sich.

Die typische Leerlaufspannung eines Solarmoduls mit 430 Wp (Watt peak = Spitzenleistung) beträgt 2024 z.B. ca. 50 Volt. Module für Großanlagen haben meist eine höhere Leistung.

Um die Solarzellen im Modul vor Witterungseinflüssen zu schützen, werden sie in einen Spezialwerkstoff einlaminiert, also eingeklebt und luftdicht verschlossen.

Eine Frontglasscheibe aus gehärtetem Solarglas und ein Rückseitenglas oder eine Spezialfolie schützen die Zelle. Je nach Anforderung gibt es So-

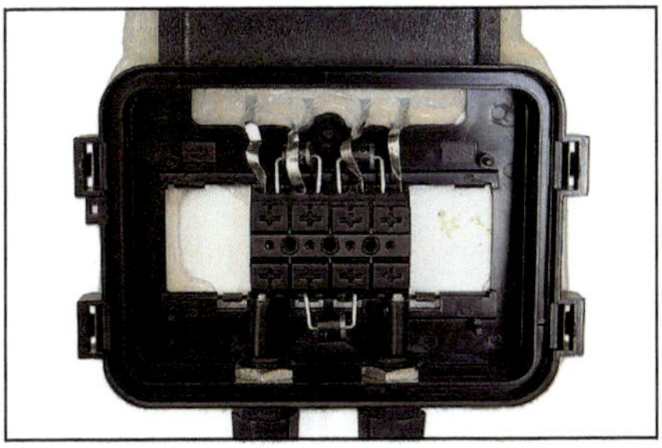

Abb. 5: Anschlussdose (Junction-Box). (Foto: Wolf, Bad Hersfeld)

larmodule mit und ohne Rahmen. Dieser Rahmen besteht meist aus Aluminium.

Der elektrische Anschluss ist auf der Rückseite angebracht und als Anschlussdose mit Kabelenden, Steckanschlüssen oder Anschlussklemmen ausgeführt.

Eine Anordnung von Solarmodulen auf Dächern oder anderen Konstruktionen nennt man Photovoltaik-Generator. Die einzelnen Module sind elektrisch als Reihen- und/oder Parallelschaltung verschaltet. Die Leitung, die zum Wechselrichter führt, heißt String (oder Strang). Es können auch mehrere sein.

2.1.1.2 Wechselrichter

Der Wechselrichter wandelt den Gleichstrom, der vom PV-Generator durch Lichteinfall erzeugt wird, in Wechselstrom bzw. Dreiphasenwechselstrom (Drehstrom) mit einer Nennspannung von 230 V bzw. 400 V um.

Je nach Anlagengröße und Konzept verwendet man String-Wechselrichter oder Zentralwechselrichter. Auch mehrere String-Wechselrichter lassen sich zu recht leistungsstarken Anlagen zusammenschalten.

Modul- oder Microwechselrichter finden ihre Anwendung bei Mini-PV-Anlagen, auch Balkon-Solar-Anlage genannt.

Der Wechselrichter versucht, je nach Strom und Spannung, die vom Generator geliefert wird, die optimale Leistung zu erzeugen und speist dann Wechselspannung bei netzgekoppelten Anlagen ins angeschlossene Stromnetz ein. Der Wirkungsgrad dieser Geräte liegt heute bei über 96 %.

Die Photovoltaikanlage muss aus Sicherheitsgründen bei Störungen, Ausfall oder Abschaltung des Stromnetzes sowie bei Abweichungen von Frequenz und Spannung vom Stromnetz getrennt werden.

Diese Schutzschaltung ist entweder im Wechselrichter integriert oder bei großen Anlagen (ab 30 kWp) als extra Gerät ausgeführt. Der Fachbegriff

Abb. 6: Netz- und Anlagenschutz. (Foto: Wolf, Bad Hersfeld)

hierfür heißt heute N/A (Netz- und Anlagenschutz)[1]: Mit dieser Schaltung wird verhindert, dass ein ungewolltes Inselnetz[2] entsteht.

Wird der Wechselrichter vom Stromnetz getrennt, oder liegen Störungen vor, bewirkt der Netz- und Anlagenschutz, dass keine Wechselspannung mehr erzeugt und ins Netz eingespeist wird.

> Achtung:
> Ist ein Batteriespeicher vorhanden, so ist der Wechselrichter häufig im Batteriespeicher integriert (Bsp.: E3/DC Energy Storage) und nicht gleich erkennbar, vgl. Kap. 2.1.2.2.

2.1.2 Schematischer Aufbau Installation

2.1.2.1 Solar-Generator

Um möglichst effektiv zu arbeiten, wird der Solar-Generator so aufgestellt, dass die Sonnenstrahlen möglichst im rechten Winkel auf die Modulflächen auftreffen. Bei Dachschrägen ist das v.a. die Südseite des Daches. Unter Inkaufnahme von Verlusten lassen sich auch Ost- und Westdachflächen mit Solar-Generatoren belegen.

Bei Flachdächern und auf Freiflächen werden die Module durch Winkelkonstruktionen aufgeständert, so dass auch dort der Lichteinfall möglichst optimal ist.

1 Früher wurde dies auch als ENS (Einrichtung zur Netzüberwachung mit zugeordnetem Schaltorgan) bezeichnet.

2 Ein Inselnetz besitzt keine elektrische Verbindung zu anderen Stromnetzen.

Abb. 7 und 8: Solargeneratoren auf einem konventionellen Dach (links) und Solargeneratoren auf Ständerwerk in einer Wiese (rechts). (Fotos: Wolf, Bad Hersfeld)

Beachten Sie beim Betreten von Flächen mit Solarmodulen immer die Tragfähigkeit dieser Konstruktionen. Dabei ist ggf. zu berücksichtigen,

- Gewicht der Solarmodule,
- Gewicht eventueller Zusatzlasten (z.B. Schnee!),
- Schäden an der tragenden Konstruktion bzw. deren grundsätzliche Tragfähigkeit.

Eine Besonderheit stellen die so genannten Nachführsysteme dar. Hier wird durch eine besondere Konstruktion und Stellmotore der Solar-Generator während der Tageszeit immer im optimalen Winkel zur Sonne gehalten. Das ergibt einen höheren Wirkungsgrad der Anlage. Auch ganze Gebäude lassen sich so im Tagesverlauf drehen.

Abb. 9 und 10: Nachführsysteme (links). (Foto: Wolf, Bad Hersfeld) und drehbares Gebäude (rechts). (Foto: Solartechnik Stiens GmbH & Co. KG, Kaufungen)

Beachten Sie beim Annähern an drehbare Konstruktionen mit Solarmodulen immer den Bewegungsbereich dieser Konstruktionen.

Generatoranschlusskasten (GAK)

Der Generatoranschlusskasten (GAK) dient dazu, die Gleichspannungs-(DC-)Leitungen von den Solar-Modulen zusammenzuführen. In manchen GAK ist noch ein Überspannungsschutz oder Blitzschutz integriert.

Der GAK kann mit einem Lasttrennschalter ausgestattet sein.

Die Installation eines GAK ist nicht vorgeschrieben!

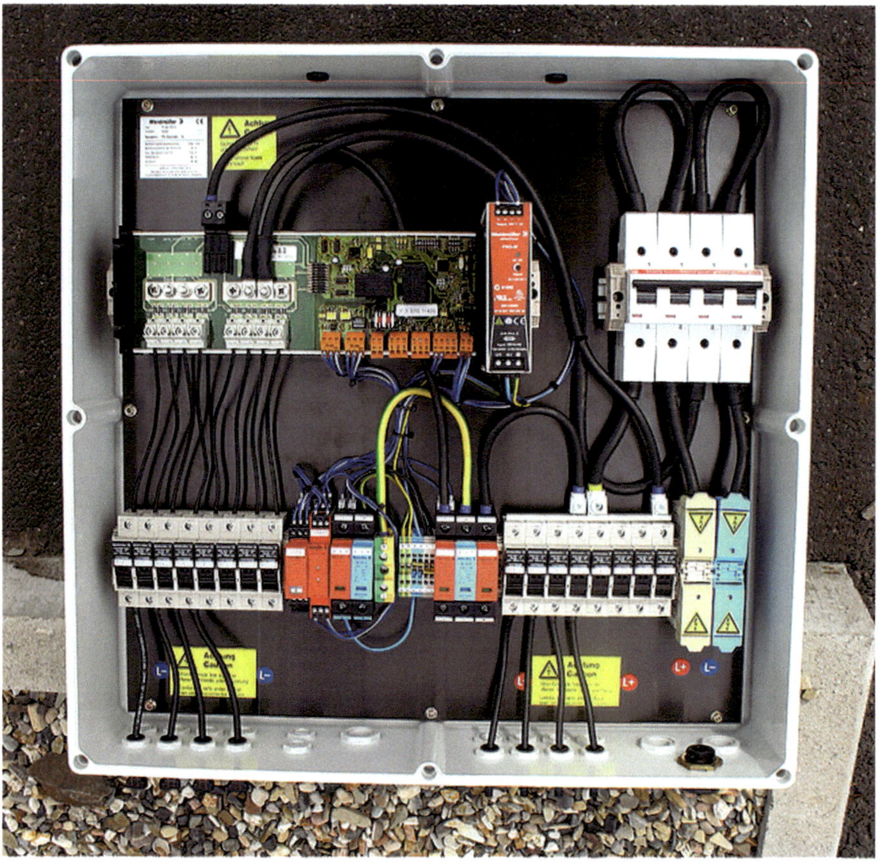

Abb. 11: Generatoranschlusskasten. (Foto: Wolf, Bad Hersfeld)

2.1.2.2 Wechselrichter

Je nach Anlage kann der Wechselrichter auf dem Dach, am Gebäude, unter dem Dach, im Batteriespeicher integriert oder in einem beliebigen Raum angebracht sein. Bei Freiflächenanlagen kann ein extra Gebäude mit einem Zentralwechselrichter errichtet sein. Bei Anlagen, die der Sonne nachgeführt werden (drehbare Konstruktion), ist meist pro System ein Wechselrichter direkt dort angebracht.

Bei einigen PV-Anlagen an (Wohn-)Gebäuden werden Wechselrichter mit eingebautem Batteriestromspeicher installiert (Hybridwechselrichter). Der eingebaute Stromspeicher hat eine (vergleichsweise) geringere Kapazität, wie bei Anlagen mit separaten Speichern.

Eine Besonderheit stellen die sogenannten Modulwechselrichter dar. Diese sind direkt an jedem einzelnen Solarmodul angebracht und konvertieren dort den Gleichstrom (DC) zu Wechselstrom (AC). Hier entfallen die DC-Leitungen, die Systemspannung ist quasi überall 230 V AC. Bei Modulwechselrichtern trennen elektronische Schutzschaltungen in Fehlerfall den Wechselrichter vom Netz. Das geschieht in unmittelbarer Nähe zu den Modulen und ist aus Feuerwehrsicht wünschenswert. Bisher haben sich solche Systeme aber nicht sehr verbreitet.

Ebenfalls wenig verbreitet sind Wechselrichter, die mit Gleichspannungen kleiner 120 V arbeiten. Da die Leistung solcher Geräte recht gering ist,

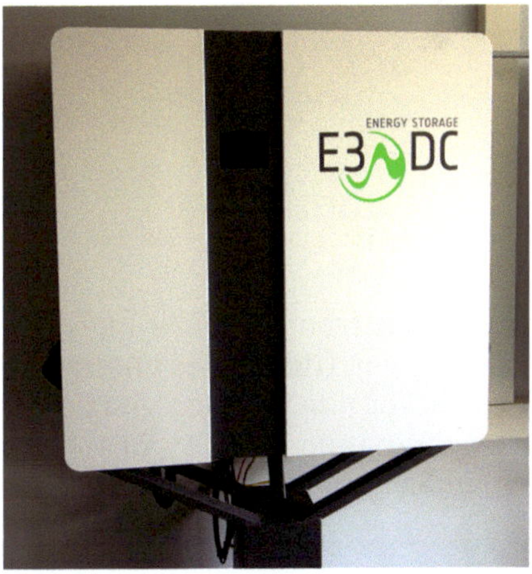

Abb. 12 und 13: Wechselrichter (links) und Hybridwechselrichter mit eingebautem Batteriespeicher. (Fotos: Wolf, Bad Hersfeld)

braucht man bereits für die Generatorfläche eines Einfamilienhauses evtl. mehr als einen Wechselrichter.

2.1.2.3 Verkabelung

Die einzelnen Solarmodule untereinander und die Leitung vom Solargenerator zum Wechselrichter werden heute mit Spezial-Solarkabel angeschlossen. Dieses einadrige Kabel hat einen Querschnitt von 4 bis 6 mm^2 (bei manchen großen Anlagen auch bis zu 16 mm^2 und größer). Der verwendete Kabelquerschnitt ist abhängig von Leitungslängen, Schaltungsart und Anlagengröße.

Das Kabel ist doppelt isoliert und besteht aus feindrahtiger Kupferlitze. Solarkabel ist UV-, ozon- und witterungsbeständig und für einen Temperaturbereich von ca. –40 °C bis +120 °C (je nach Hersteller unterschiedlich) ausgelegt. Die maximale Nennspannung beträgt 1.500 V DC.

In Altanlagen kann man noch eine sogenannte „Gummischlauchleitung" (H07Rn-F) vorfinden. Diese altert schneller und wird daher heute bei professionell errichteten Anlagen nicht mehr verwendet.

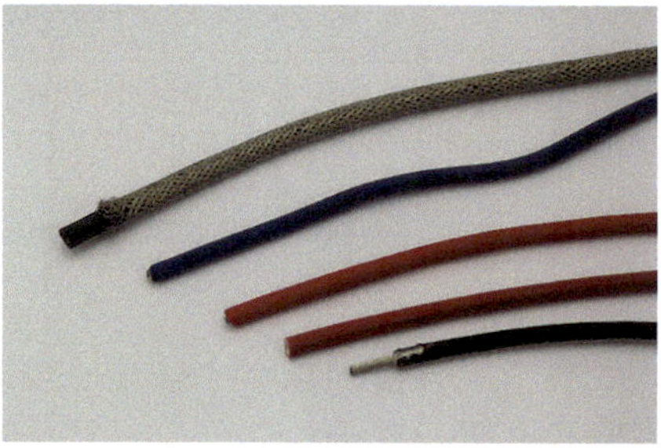
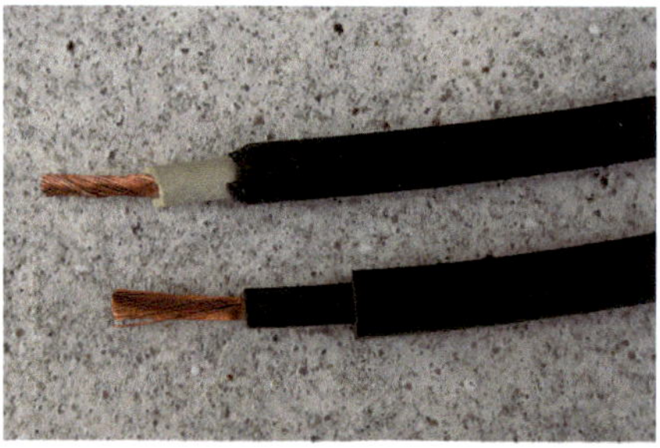

Abb. 14 und 15: Solarkabel neu und alt. (Foto: Wolf, Bad Hersfeld)

Die Gleichstrom-(DC-)Leitungen werden mit Solarsteckverbindungen angeschlossen. Hier gibt es unterschiedliche Systeme. Je nach Typ lassen sich die Stecker nur mit Werkzeug trennen und rasten durch drehen oder stecken ineinander ein. Es gibt auch noch solche, die sich ohne Werkzeug auseinanderziehen lassen.

Wegen der Gefahr des elektrischen Schlages und des Lichtbogens darf von Laien nichts an diesen Leitungen manipuliert werden.

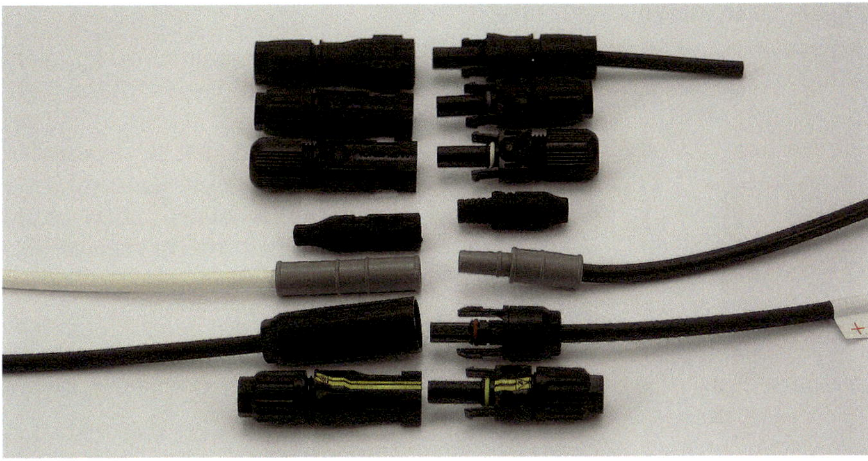

Abb. 16: Verschiedene Solarsteckverbinder. (Foto: Wolf, Bad Hersfeld)

Bei Anlagen ab 2006 muss ein sogenannter „DC-Freischalter“ vorhanden sein. Meist befindet sich dieser in unmittelbarer Nähe oder direkt im Wechselrichter. Er muss an einer leicht erreichbaren Stelle montiert sein. Ein Schalter, der die Gleichstromleitung direkt am Solar-Generator unterbricht, ist derzeit nicht vorgeschrieben und aus Kostengründen i.d.R. nicht eingebaut.

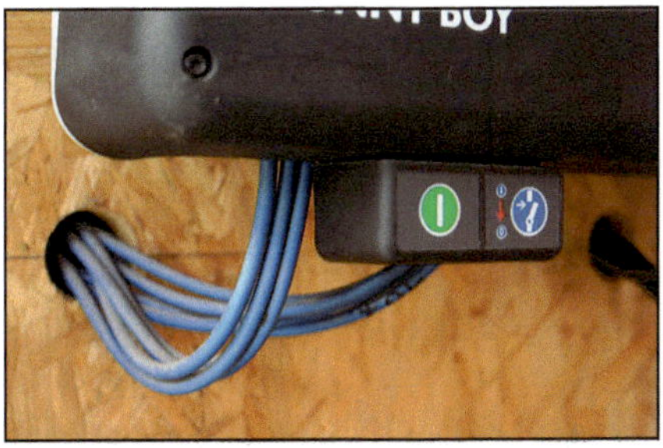

Abb. 17: DC-Freischalter. (Foto: Wolf, Bad Hersfeld)

Der DC-Freischalter dient zur sicheren Durchführung von Wartungsarbeiten (Vermeidung von Lichtbögen bei Leitungstrennung unter Last) und ist nicht einem „Feuerwehrschalter“ gleichzusetzen. Der DC-Freischalter darf und sollte von Feuerwehreinsatzkräften betätigt werden, solange das gefahrlos möglich ist.

Die Wechselstrom-(AC-)Leitungen sind normale Installationskabel. Entweder als Mantelleitung oder Erdkabel in verschiedenen Verlegearten, z.B. Rohre, Kabelkanäle, auf und unter Putz etc.

2.1.2.4 Hausinstallation/Zählerschrank

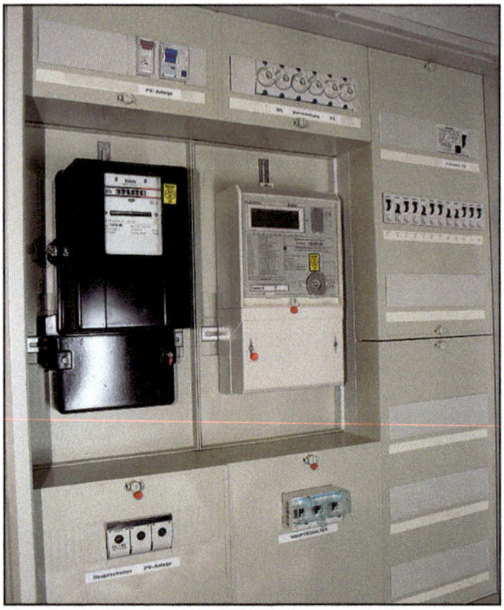

Abb. 18: Zählerschrank. (Foto: Wolf, Bad Hersfeld)

Die Wechselstromleitung vom Wechselrichter verläuft zum Zählerschrank. Dort befindet sich der Einspeise- und der Bezugszähler. Danach führt eine Leitung zum Hausanschlusskasten, bzw. zum Netzanschluss des Energieversorgers.

Hier besteht die Möglichkeit der Abschaltung des Netzanschlusses.

2.1.3 Stromkreise der PV-Anlage

Neben der allgemeinen Elektroinstallation haben Gebäude, auf oder an denen Photovoltaik-Anlagen montiert sind, einen weiteren Stromkreis, der für die Einsatzkräfte von besonderer Bedeutung ist. Dies ist der Gleichstromkreis (DC-Verkabelung) zwischen dem PV-Generator und dem Wechselrichter. Die Gleichspannung beträgt dort zwischen 250 und 900 Volt. Die VDE-Vorschriften erlauben bis zu 1.500 Volt. Derzeit sind Systemspannungen über 1.000 Volt aber noch die Ausnahme.

Bei einem kleinen Teil der errichteten PV-Anlagen wurden Wechselrichter eingesetzt, die mit max. 75 Volt DC-Spannung arbeiten. Weil hier nur eine sogenannte Kleinspannung (< 120 V) anliegt, besteht kaum die Gefahr eines elektrischen Schlages auf der Gleichstromseite. Leider lassen sich solche Anlagen nicht ohne weiteres erkennen, so dass eine gründliche Erkundung und ausreichende Kenntnis erforderlich sind. Vorsichtshalber sollte man aber immer von den vorher genannten Spannungen ausgehen.

Ausnahme: Bei Anlagen mit Modulwechselrichter ist Wechselspannung (230 Volt) zwischen dem Solargenerator und dem Zählerschrank vorhanden, die u.U. nicht abschaltbar ist. Eine Gleichspannung ist hier nur innerhalb der Module vorhanden.

Während die normale Hausinstallation recht einfach durch den Energieversorger oder eine Elektrofachkraft abgeschaltet werden kann, ist der Gleichstromkreis bei den meisten PV-Anlagen nicht abschaltbar!

Das bedeutet für die Einsatzkräfte, dass die Leitungen zwischen Solargenerator und DC-Freischalter bei Einfall einer gewissen Menge Licht auf die Module immer unter Spannung stehen!

Um von diesem Gleichstrom einen elektrischen Schlag zu bekommen, müsste man beide Leiter, den Pluspol und den Minuspol gleichzeitig berühren, da PV-Generatoren nicht in Verbindung mit dem Erdpotenzial stehen.

Vorsicht aber bei Beschädigungen. Dann kann eine Spannungsverschleppung, z.B. auf den Modulrahmen, der über den Potenzialausgleich geerdet ist, vorkommen und es besteht dann die Möglichkeit eines elektrischen Schlages bei Berührung des anderen Leiters.

Mond- oder Kunstlicht:
Da Solargeneratoren einen Wirkungsgrad von derzeit < 20 % haben, ist Mondlicht und künstliche Beleuchtung wie z.B. die Einsatzstellenscheinwerfer oder die Straßenbeleuchtung nicht ausreichend, eine für Einsatzkräfte gefährliche Spannung zu erzeugen. Die Leistung ist so gering, dass die Spannung bei Berührung sofort auf eine ungefährliche Größe zusammenbricht.[1]

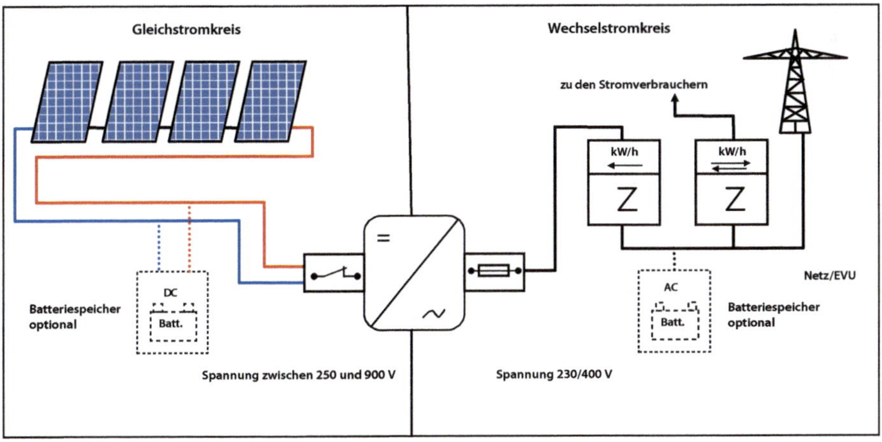

Abb. 19: Schaubild Stromkreise. (Grafik: Wolf, Bad Hersfeld)

[1] Versuche von Prof. Dr. Heinrich Häberlin, Berner Fachhochschule, Technik und Information, Abt. Elektrotechnik, Photovoltaiklabor, Burgdorf, Schweiz und STEGMAIER, 2011.

2.1.4 Befestigung der PV-Module

Solarmodule, die auf schrägen Dachflächen und besonderen Konstruktionen wie Aufständerungen für Flachdächer und Nachführsystemen Verwendung finden, besitzen meist einen Rahmen aus Aluminium. Damit lassen sich die einzelnen Module mit Klemmhaltern, die ebenfalls aus Alu bestehen, recht einfach auf der Unterkonstruktion befestigen.

Weit verbreitet hat sich die Unterkonstruktion aus Alu-Profilschienen, die ein- oder doppellagig auf dem Dach befestigt ist. Hierzu verwendet man üblicherweise Dachhaken aus Edelstahl oder Aluminium. Die Dachhaken sind unter den Ziegeln mit Schrauben an den Dachsparren befestigt. Bei Dächern aus Trapez- oder Wellblech, wie sie oft bei Industriehallen zu finden sind, verwendet man anstelle der Dachhaken entsprechende Schrauben, an denen dann die Profilschienen befestigt sind.

Bei Solarmodulen, die dachintegriert sind (Indachmontage) werden anstelle der Dachdeckung dichtende Profile verwendet.

Abb. 20 bis 22: Profil mit Klemmhaltern (links), Dachhaken (rechts oben), aufgeständerte Montage (rechts unten). (Fotos: Wolf, Bad Hersfeld)

Abb. 23: Sog-Druck System. (Foto: Kirchner Solar Group GmbH, Alheim)

Um bei Flachdächern die Schrägstellung der Module zu erreichen, bedient man sich hier besonderer Aufständerungswinkel oder ganzer Systeme. Da die Dachhaut eines flachen Daches nicht durchbohrt werden sollte, beschwert man die Aufständerung mit Gewichten. So bleibt der PV-Generator auch bei Wind sicher auf dem Dach.

Eine weitere Möglichkeit, Solarmodule auf Flachdächern zu befestigen, sind sogenannte „Sog-Druck Systeme". Hier bewirkt die Aerodynamik und das Eigengewicht die Statik der Anlage. Windkräfte erzeugen einen Unterdruck, der ein Verrutschen oder Wegfliegen verhindert.

2.1.5 Brandverhalten und mögliche Brandursachen

PV-Modul:

Materialbedingt brennen PV-Module nur sehr schlecht, lediglich die Laminatfolie auf der Rückseite hält thermischer Beaufschlagung nur bedingt stand.

Brandversuche zeigten, dass die Module recht schnell so geschädigt werden, dass die elektrische Spannung durch sich lösende Lötverbindungen an den Zellen zusammenbricht. Bei weiterer Erwärmung verformt sich der Alurahmen und das PV-Modul bricht in sich zusammen.

Standard PV-Module (Aufbau Glas-Folie) können in der Regel als „normal entflammbar“ (Brandschutzklasse B2) und PV-Module mit Aufbau Glas-Glas als „schwer entflammbar“ (Brandschutzklasse B2) eingestuft werden. Inzwischen gibt es auch Glas-Glas Module, die für Brandschutzklasse A „nicht entflammbar“ zertifiziert wurden.[1]

DC-Leitungen:

Modernes Solar-Spezialkabel mit VDE-Prüfung ist halogenfrei und die Ader- und Mantelisolation ist aus flammwidrigem Material hergestellt. Es treten zwar Verkohlungen am Kabel auf, aber es lässt sich nicht durch eine Flamme zum eigenständigen Brennen bringen.

Da zu Beginn der Nutzung der Photovoltaik die Installation nach dem damaligen Stand der Technik erfolgte, können durchaus problematische Komponenten verwandt worden sein.

Unterkonstruktion:

Abb. 24: Zerstörtes landwirtschaftliches Gebäude. (Foto: Verbandsgemeinde Otterberg)

Fast überall werden Aluprofile als Unterkonstruktion verwendet. Auch hier verformen sich durch die Brandtemperatur die Profilschienen und es kommt zum Kollabieren der Konstruktion. Je nach Aufbau, Größe und Dachkonstruktion kommt es selten zum Absturz ganzer Anlagenteile. Häufiger fällt aber die ganze Anlage mit dem Dachstuhl durch Wegbrennen der Sparren einfach nach innen ins Gebäude.

Neben den üblichen Ursachen bei Gebäudebränden kann es auch möglicherweise zu Bränden bzw. Schäden kommen, die unmittelbar von den Bauteilen einer PV-Anlage ausgehen.

[1] https://www.pv-magazine.de/unternehmensmeldungen/solar-fabrik-module-gehoeren-zu-den-sichersten-solarmodulen-auf-dem-markt/ (abgerufen 22.01.2024).

Bedingt durch Kontaktprobleme in den Anschlussdosen, die unter dem PV-Modul aufgeklebt sind, kann es zu Schmorschäden kommen.

Abb. 25: Verschmorte Moduldose. (Foto: Wolf, Bad Hersfeld)

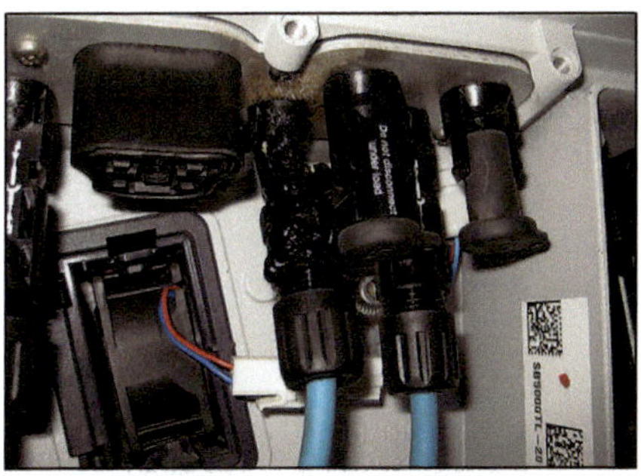

Abb. 26: Beschädigte Solar-Steckverbinder. (Foto: Kirchner Solar Group GmbH, Alheim)

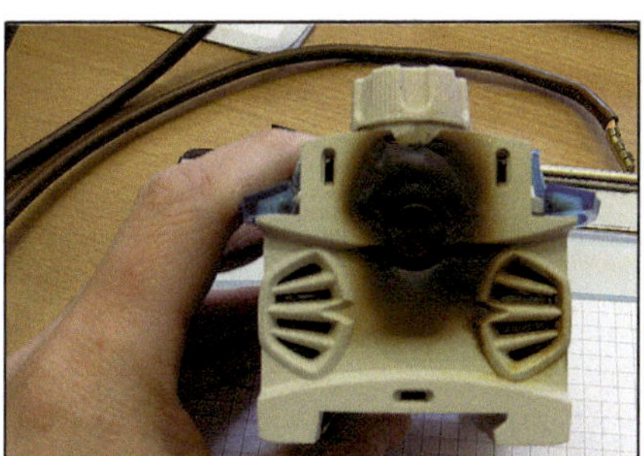

Abb. 27: Thermischer Schaden an einem Sicherungselement. (Foto: Marco Papst, Kassel)

Fehlerhafte elektrische Verbindungen innerhalb der Module an den sogenannten „Busbars“ (das sind die silbernen Kontaktstreifen zwischen den Zellen) können ebenfalls durch Übergangswiderstände thermische Schäden verursachen, die zu starken Verschmorungen führen können. Im Extremfall treten „Brandlöcher“ in den Modulen auf. Je nach Art der Bedachung besteht hier die Gefahr der Ausbreitung auf den Dachstuhl.

Weiterhin können bei unsachgemäß montierten Steckverbindungen der DC-Leitung Lichtbögen und auch hier Verschmorungen auftreten. Das gleiche geschieht bei beschädigten Isolierungen der Solarkabel durch Nagetiere oder Durchscheuern der Leitungen bei Montagefehlern.

Die Wechselrichter besitzen meist elektronische Schutzschaltungen, aber Schäden lassen sich nicht ausschließen. Da der Wechselrichter bei Betrieb eine gewisse Wärme am Gehäuse entwickelt, kann es bei falscher Montage (ohne ausreichende Luftzirkulation oder brennbare Montagefläche) zu Überhitzung kommen.

Auch in der Wechselstrominstallation, also zwischen dem Wechselrichter und dem Zählerschrank, kann es bei zu schwacher Dimensionierung der Komponenten und schlampig ausgeführter Installation (lockere Klemmverbindungen) zu Überhitzung und Kabelbränden kommen, da bei langer und intensiver Sonneneinstrahlung die Anlagen dauernd ihre Höchstleistung abgeben.

2.1.6 Statik des Gebäudes bzw. der Konstruktion

Ein Photovoltaikmodul mittlerer Größe wiegt etwa 20 kg. Hinzu kommen noch die Dachhaken und die Profilschienen der Unterkonstruktion.

Eine Anlage mit 10 kWp Leistung (24 Module) auf dem Dach eines Einfamilienhauses (EFH) belastet das Dach mit ca. 600 kg!

Zwar verteilt sich je nach Güte der Unterkonstruktion und Anzahl der Dachhaken das Gewicht auf fast die ganze Fläche, die die Module einnehmen, aber besonders bei Dächern mit geringen Reserven kann es bei einem Schadenereignis frühzeitig zum Einsturz kommen.

Die gleiche Problematik tritt bei Flachdächern auf, wenn die Aufständerung mit Gewichten gegen Herabfallen gesichert ist. Bei großen Dachflächen mit entsprechend großer Anzahl von Modulen und Gewichten muss das Dach einiges an Mehrgewicht aushalten. Ist die Konstruktion durch Feuer geschwächt oder kommt es zu hohen Zusatzlasten (z.B. Schnee), muss auch hier mit frühzeitigem Einsturz des Gebäudes gerechnet werden.

2.2 Einsatzvorbereitung

2.2.1 Ausbildung

2.2.1.1 Hemmschwelle

Wird in den laufenden Aus- und Fortbildungen in Theorie und Praxis neben den allgemeinen Gefahren an der Einsatzstelle explizit auf Gefahren bei Ereignissen in Verbindung mit Photovoltaikanlagen eingegangen, sind die Einsatz- und Führungskräfte darauf vorbereitet. Dadurch sinkt die Hemmschwelle im Umgang mit Photovoltaik. Unwissenheit und falsche Informationen führen bei allen beteiligten Einsatzkräften zu Fehlverhalten und gefährden den Einsatzerfolg.

Abb. 28 und 29: PV-Anlage am Modell einer Planübungsplatte (links) und PV-Anlage auf dem Dach eines Brandübungshauses (rechts). (Fotos: Wolf, Bad Hersfeld)

2.2.1.2 Muster- bzw. Übungslage

Hilfreich für die praktische Ausbildung und für interessanten Unterricht ist es, wenn die Feuerwehr direkten Zugang zu einer PV-Anlage hat, an der geübt werden kann. Ideal wäre es, wenn das Gerätehaus bzw. eine gemeindeeigene Liegenschaft mit einer PV-Anlage ausgestattet ist. Man kann aber auch mit einem privaten Betreiber eine entsprechende Vereinbarung treffen.

Im Rahmen der Ausbildung kann dann sehr anschaulich dargestellt werden, wie sich die Anlage verhält, wenn z.B. Einsatzstellenscheinwerfer den PV-Generator erleuchten oder was passiert, wenn (für Einsatzkräfte erlaubte) Schalteinrichtungen betätigt werden.

2.2.1.3 Einbinden in Übungen

Wie bereits beschrieben, ist es nötig, Photovoltaikanlagen bei Übungen zu berücksichtigen und entsprechend in den Übungsablauf einzubinden.

Dabei sollte man aber nicht einfach als „Modulwäscher“ fungieren, sondern verschiedene Szenarien wie z.B. die umfassende Erkundung und darauf abgestimmte Einsatztaktik üben.

2.2.2 Notrufabfrage

Bereits bei der Notrufannahme sollte eine Abfrage erfolgen, ob eine PV-Anlage im betroffenen Objekt bzw. im betroffenen Bereich vorhanden ist. Unter Umständen kann das bereits zu einer geänderten Alarmierungsfolge (z.B. (2.) DLK; Fachberater Photovoltaik) führen.

Besprechen Sie dies ggf. zusammen mit dem Betreiber der für Sie zuständigen Leitstelle.

Allein die Aussage der alarmierenden Stelle, ob eine PV-Anlage verbaut ist oder nicht, befreit den Einsatzleiter keinesfalls von einer sorgfältigen Erkundung!

2.2.3 Weitere (vorbeugende) Möglichkeiten (z.B. Solarkataster)

Präventiv sollten sich Feuerwehren mit den in ihrem Ausrückgebiet vorhandenen Photovoltaikanlagen vertraut machen. Je nach Anzahl, Größe und Merkmale der Anlagen sollte das in besonderen Fällen auch intensiver geschehen.

Viele Einfamilienhäuser (EFH) sind heute mit einer PV-Anlage ausgestattet, aber aufgrund der Größe der PV-Anlage ist es nicht erforderlich, besondere Vorbereitungen zu treffen oder Kataster anzulegen. Sind aber auf sehr großen Dachflächen eine große Anzahl von Modulen montiert oder sind Solarparks im Zuständigkeitsgebiet der Feuerwehr, macht es Sinn, die Anlagen näher in Augenschein zu nehmen und ggf. Einsatzpläne dazu vorzubereiten.

Um bei möglichen Einsätzen nicht überrascht zu werden, sollten mindestens Übersichtspläne über Größe und Lage der PV-Generatoren, Kabelwege, elektrische Verteiler, Trafostationen und Besonderheiten in einer Kartei festgehalten werden. Ganz wichtig sind auch die Kontaktdaten (z.B. Servicetelefonnummer) des Fachbetriebes, der die jeweiligen Anlagen errichtet hat. Nur die Fachleute dieser Firmen können Spannungsfreiheit feststellen, Schalthandlungen an den PV-Anlagen durchführen, beschädigte Photovoltaikanlagen in einen sicheren Zustand setzen und den Einsatzleiter der Feuerwehr im Schadenfall beraten.

Die Betreiber werden sicher auf Anfrage mit solchen Informationen dienen, bzw. Ortsbegehungen möglich machen. Sie haben schließlich auch ein Interesse an einer schnellen und effektiven Schadensbegrenzung.

Eine Überprüfung der Angaben und die Aktualisierung der Kartei in regelmäßigen Abständen darf nicht vergessen werden!

Abb. 30 und 31: Bürogebäude der Fa. KSG und Solarpark Hauneck-Eitra. (Fotos: Wolf, Bad Hersfeld)

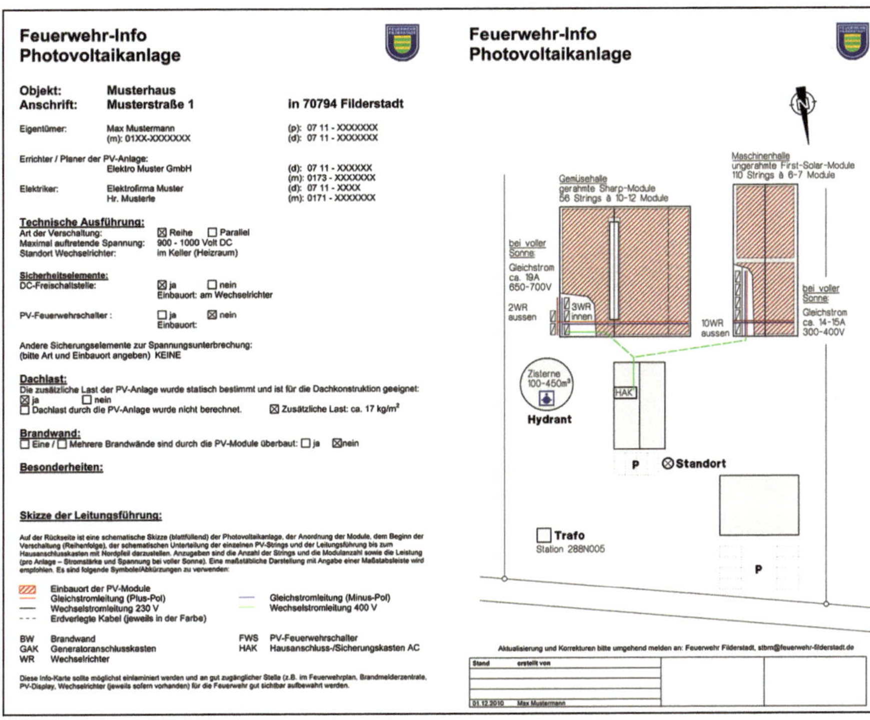

Feuerwehr-Info
Photovoltaikanlage

Objekt: Musterhaus
Anschrift: Musterstraße 1 in 70794 Filderstadt

Eigentümer: Max Mustermann
(m): 01XX-XXXXXXX
(p): 07 11 - XXXXXXX
(d): 07 11 - XXXXXXX

Errichter / Planer der PV-Anlage: Elektro Muster GmbH
(d): 07 11 - XXXXXX
(m): 0173 - XXXXXXX

Elektriker: Elektrofirma Muster, Hr. Musterle
(d): 07 11 - XXXX
(m): 0171 - XXXXXXX

Technische Ausführung:
Art der Verschaltung: ☒ Reihe ☐ Parallel
Maximal auftretende Spannung: 900 - 1000 Volt DC
Standort Wechselrichter: im Keller (Heizraum)

Sicherheitselemente:
DC-Freischaltstelle: ☒ ja ☐ nein
Einbauort: am Wechselrichter

PV-Feuerwehrschalter: ☐ ja ☒ nein
Einbauort:

Andere Sicherungselemente zur Spannungsunterbrechung:
(bitte Art und Einbauort angeben) KEINE

Dachlast:
Die zusätzliche Last der PV-Anlage wurde statisch bestimmt und ist für die Dachkonstruktion geeignet:
☒ ja ☐ nein
☐ Dachlast durch die PV-Anlage wurde nicht berechnet. ☒ Zusätzliche Last: ca. 17 kg/m²

Brandwand:
☐ Eine / ☐ Mehrere Brandwände sind durch die PV-Module überbaut: ☐ ja ☒ nein

Besonderheiten:

Skizze der Leitungsführung:

Auf der Rückseite ist eine schematische Skizze (blattfüllend) der Photovoltaikanlage, der Anordnung der Module, dem Beginn der Verschaltung (Reihenfolge), der schematischen Unterteilung der einzelnen PV-Strings und der Leitungsführung bis zum Hausanschlusskasten mit Nordpfeil darzustellen. Anzugeben sind die Anzahl der Strings und die Modulanzahl sowie die Leistung (pro Anlage – Stromstärke und Spannung bei voller Sonne). Eine maßstäbliche Darstellung mit Angabe einer Maßstabsleiste wird empfohlen. Es sind folgende Symbole/Abkürzungen zu verwenden:

Einbauort der PV-Module
Gleichstromleitung (Plus-Pol)
Wechselstromleitung 230 V
Erdverlegte Kabel (jeweils in der Farbe)
Gleichstromleitung (Minus-Pol)
Wechselstromleitung 400 V

BW Brandwand
GAK Generatoranschlusskasten
WR Wechselrichter
FWS PV-Feuerwehrschalter
HAK Hausanschluss-/Sicherungskasten AC

Diese Info-Karte sollte möglichst einlaminiert werden und an gut zugänglicher Stelle (z.B. im Feuerwehrplan, Brandmelderzentrale, PV-Display, Wechselrichter (jeweils sofern vorhanden) für die Feuerwehr gut sichtbar aufbewahrt werden.

Feuerwehr-Info
Photovoltaikanlage

Aktualisierung und Korrekturen bitte umgehend melden an: Feuerwehr Filderstadt, stbm@feuerwehr-filderstadt.de

Stand	erstellt von
01.12.2010	Max Mustermann

Abb. 32: Muster für ein Solarkataster. (Grafik: Feuerwehr Filderstadt)

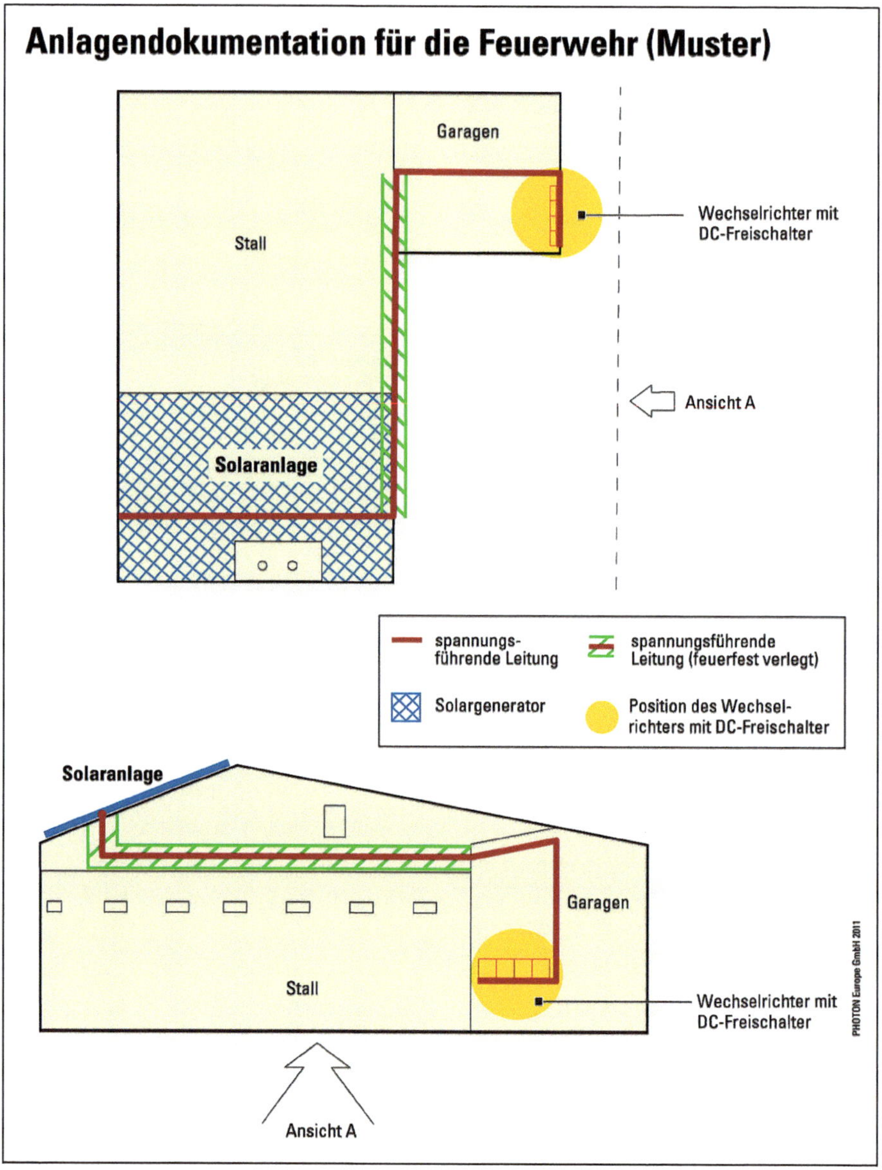

Abb. 33: Anlagenplan für die Feuerwehr. (Grafik: Udo Rohnke/Photon Europe GmbH, Aachen)

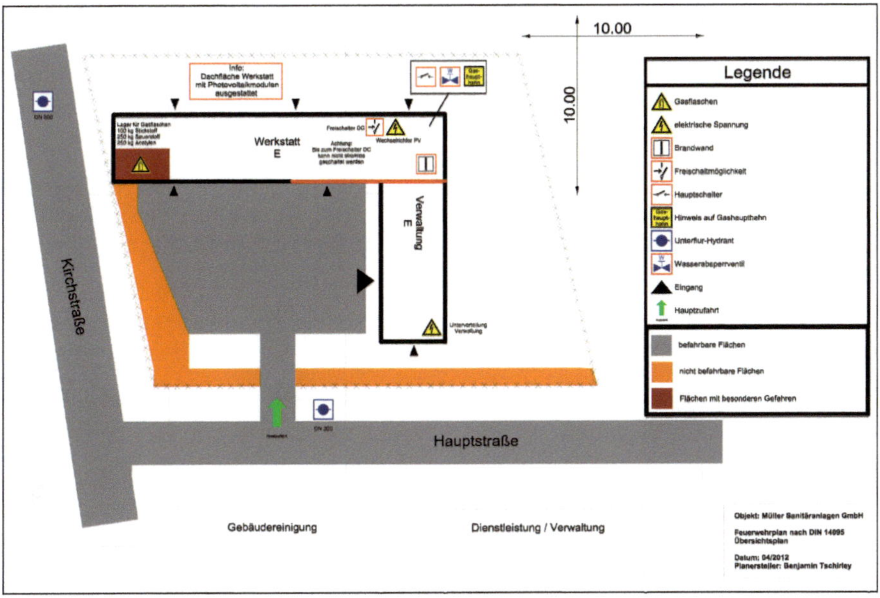

Abb. 34: Feuerwehr-Einsatzplan nach DIN 14095 mit einer PV-Anlage. (Grafik: Benjamin Tschirley, Hamburg)

2.2.4 Fachberater Photovoltaik bzw. Elektrizität

Feuerwehrangehörige, die beruflich mit Photovoltaik zu tun haben, können als Fachberater Photovoltaik eingesetzt werden. Solche Spezialisten könnten auch auf Kreisebene eingesetzt werden.

Steht kein solcher Spezialist zur Verfügung, bietet sich hier die Zusammenarbeit mit der Fachgruppe Elektro des THW an.

2.3 Taktik

Mögliche Aufgabenverteilung beim Einsatz einer Gruppe:
Lage: Brand eines Gebäudes mit PV-Anlage.

Grundlage bildet die FwDV 3 „Einheiten im Löscheinsatz“.

Ein Einsatz mit Bereitstellung kann bei Einsätzen mit Beteiligung von PV-Anlagen durch eventuell längere Erkundung und Sicherheitsmaßnahmen vorteilhaft sein.

Gruppenführer:

- Aufgaben gemäß FwDV 3
- ist für die Sicherheit der Einsatzkräfte verantwortlich
- informiert alle Einsatzkräfte über die vorhandene PV-Anlage

Nach Befehlen der Wasserentnahmestelle und Lage des Verteilers erkundet er die Zugänge des Gebäudes, Lage und Zustand der elektrischen Hausinstallation, insbesondere des/der Wechselrichter(s) und der Leitungen.

Hierbei sollte der Gruppenführer, falls gefahrlos möglich, die Sicherungen der Hausinstallation und falls direkt zugänglich, den DC-Freischalter betätigen.

Falls ein Not-Aus-Schalter für die PV-Anlage vorhanden ist, muss dieser auch ausgeschaltet werden.

Der Gruppenführer befiehlt den Einsatz der Trupps und setzt die Erkundung fort. Der Führungskreislauf wird bis zum Ende des Einsatzes angewandt.

Maschinist:

- Aufgaben gemäß FwDV 3

Melder:

- unterstützt auf Befehl den Gruppenführer bei der Erkundung, besonders im Außenbereich
- nimmt auf Befehl Kontakt mit dem Energieversorger und ggf. der Errichterfirma oder einer Elektrofachfirma auf und beordert diese zur Einsatzstelle.
- und führt weitere Tätigkeit auf Anweisung des Gruppenführers aus.

Angriffstrupp:

- Aufgaben gemäß FwDV 3
- führt den Löschangriff unter Atemschutz durch
- achtet auf die Sicherheitsabstände gemäß DIN VDE 0132, falls Teile der PV-Anlage vom Brand betroffen sein können und das Gebäude nicht spannungsfrei geschaltet wurde.

Wassertrupp:

- Aufgaben gemäß FwDV 3
- ist Sicherheitstrupp

Schlauchtrupp:

- Aufgaben gemäß FwDV 3
- sollte den PV-Generator auf dem Dach beobachten,
- um bei Gefahr die Einsatzkräfte zu warnen.

Ist die Lage mit einer Gruppe nicht zu beherrschen, sind auf jeden Fall rechtzeitig weitere Einsatzkräfte und Einsatzmittel hinzuzuziehen. Einsatzleitung und Führung sind ebenfalls entsprechend anzupassen.

2.3.1 Erkundung

Wie bei allen Feuerwehreinsätzen hängt der Einsatzerfolg maßgeblich von der Erkundung ab. Dabei auf Hinweis- und Warnschilder achten.

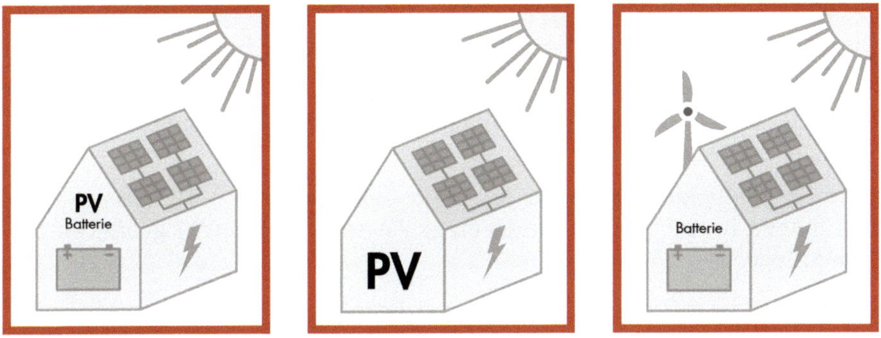

Abb. 35 bis 37: Mögliche Hinweis- und Warnschilder. (Grafiken: Wolf, Bad Hersfeld und ecomed-Storck GmbH, Landsberg am Lech)

Folgende Punkte sind zu erkunden:

- Ist eine betriebsbereite Photovoltaikanlage vorhanden?
- Existiert ein Feuerwehrplan für die Anlage?
- Handelt es sich um eine Photovoltaikanlage oder sind Kollektoren für eine Solarthermieanlage vorhanden? (Auch Kombinationen sind möglich.)
- Wo befinden sich die einzelnen Komponenten?
- Ist die PV-Anlage netzgekoppelt oder ist es eine sogenannte Inselanlage (Off Grid)?
- Hat die Anlage einen Batteriespeicher? Wo befindet sich dieser?
- Wo verlaufen die DC-Leitungen?
- Wo sind die/der DC-Freischalter? Ist ein „Feuerwehrschalter“ vorhanden?

- Wo lassen sich die Wechselrichter vom Stromnetz trennen?
- Lage der Sicherungen/Verteilungen der normalen Stromversorgung?
- Welche Anlagenteile vom Schadensereignis betroffen?
- Sind Anlagenbauteile bereits beschädigt?
- Ist die Errichter-Firma erreichbar?
- Sonstige Energieerzeugungsanlagen = Stromlieferanten vorhanden, z.B. BHKW, Windkraftanlage, etc.?

Hinweis:
Bei schneebedeckten Dächern und auf Flachdächern ist eine PV-Anlage u.U. nur schwer zu erkennen. Eine Befragung von Bewohnern bzw. Nachbarn ist erforderlich.

2.3.2 Besondere Gefahren bei PV-Anlagen

Die größte Gefahr ist die, die durch mangelhafte Erkundung nicht erkannt wurde!

Grundsätzlich sollte man bei Schadensereignissen in Verbindung mit PV-Anlagen immer von Gleichspannungen bis 1.500 Volt ausgehen!

Eine Übersicht der Gefahren zeigt die Gefahrenmatrix für einen angenommenen Brandfall im Bereich einer PV-Anlage mit einer größeren Batterieanlage:

Welche Gefahren sind erkannt?												
durch Gefahren für	Absturz	Angst-reaktionen	Atemgifte	Atomare Gefahren	Ausbreitung	Biologische Gefahren	Chemische Gefahren	Einsturz	Elektrizität	Erkrankung/ Verletzung	Ertrinken/ Wassergefahr	Explosion
	A	A	A	A	A	B	C	E	E	E	E	E
Welche Gefahren müssen bekämpft werden?												
Menschen			X		X		X	X	X	X		X
Tiere			X		X		X	X	X	X		X
Umwelt			X		X		X					X
Sachwerte					X		X	X				X
Mannschaft	X		X		X		X	X	X	X		X
Gerät					X			X				X

Tabelle 1: Gefahrenmatrix für eine PV-Anlage mit Batteriestromspeicher im Brandfall. (Tabelle: Wolf/Cimolino)

Besondere Gefahren für Feuerwehreinsatzkräfte bestehen bei beschädigten PV-Anlagen durch:

Absturz:

PV-Anlagen befinden sich häufig auf Dächern, hier besteht grundsätzlich Absturzgefahr für die Einsatzkräfte.

Atemgifte/toxische Gase:

Es entstehen toxische Gase ähnlich wie bei einem Zimmerbrand durch Verbrennung der unterschiedlichen Materialien, aus denen die Module hergestellt wurden, sowie weitere giftige Gase, siehe Chemische Gefahren.

Eine Ausbreitung über Lüftungsanlagen ist möglich.

Ausbreitung:

Eine Ausbreitungsgefahr besteht v.a. durch das Brandereignis, weniger durch die PV-Anlage an sich.

Chemische Gefahren:

Bei einem Brand oder technischen Defekt am Batteriestromspeicher mit Lithium-Ionen Zellen besteht die Gefahr, dass Elektrolyt aus dem Speicher austritt. Elektrolyt besteht aus Lösungsmitteln und Leitsalz, welches derzeit meist aus Lithiumhexafluorophosphat ($LiPF_6$) besteht. Dieser Stoff ist sehr wasserlöslich und reagiert mit Luftfeuchtigkeit und auch mit Löschwasser zu Fluorwasserstoff (HF, Flusssäure) und Phosphorsäure (H_3PO_4).

Diese Stoffe sowie auch eventuell austretender weißlicher Nebel sind giftig sowie ätzend und können auch zündfähig sein!

Einsturz: herabfallende Teile (erweiterter Trümmerschatten):

Durch die Brandeinwirkung auf die Traggestellkonstruktion der PV-Module können sich einzelne Module und auch Gruppen von diesen bzw. vom Dach lösen und in das Objekt hinein oder über die Dachkante hinwegrutschen bzw. herabstürzen. Daher ist der mögliche Trümmerschatten besonders an der Längsseite des Gebäudes größer. Je größere die potenzielle Rutschlänge ist, umso weiter können die Teile über die Kante getragen werden!

Einsturz: frühzeitiges Einstürzen des Daches durch erhöhte Dachlast:

Durch das zusätzliche Gewicht der PV-Anlage kann der Dachstuhl früher als üblich kollabieren. Evtl. trägt eine asymmetrische Belastung des Daches auch dazu bei.

Elektrizität: elektrischer Schlag:

Die Leitungen vom Solargenerator zum Wechselrichter (WR), bzw. DC-Freischalter lassen sich nicht immer komplett stromlos schalten.

Es besteht dann die Gefahr von elektrischen Schlägen durch beschädigte DC-Leitungen, die bei Lichteinfall noch Spannungen über 120 Volt führen können. Vorsicht auch vor der sogenannten Rückspannung (durch aufgeladene Kondensatoren im WR), die bei ausgeschaltetem DC-Freischalter vom Wechselrichter aus auf die DC-Leitung einwirken kann. Nach ca. 5 min. Wartezeit ist die Rückspannung meist nicht mehr vorhanden.

Achtung bei Batteriestromspeichern! Einige Typen besitzen eine Notstromfunktion, die auch bei ausgeschalteter PV-Anlage und Abschaltung des Stromnetzes bestimmte Stromkreise im Gebäude weiterhin unter Spannung hält.

Besondere Vorsicht auch bei überfluteten Wechselrichten bei Hochwasser oder gefluteten Kellern. Hier besteht ebenfalls die Gefahr des elektrischen Schlages, falls der PV-Generator durch Lichteinfall ausreichend Gleichspannung liefert.

Explosion: Explosionsgefahr und Verätzungen durch Batteriespeicher:

Seit einiger Zeit haben neu errichtete Photovoltaikanlagen auf Wohn- und auch auf Gewerbegebäuden meist einem PV-Batteriestromspeicher mit Lithium-Ionen-Akkus installiert. Sind diese bei einem Brand oder Schadenereignis betroffen, können die Zellen der Akkus giftige explosive Gase entwickeln. Gleiches geschieht bei einem Defekt des Batteriestromspeichers (siehe auch Kap. 2.5).

Bei früheren Inselanlagen (Off Grid) und BackUp-PV-Anlagen wurden Batteriespeicher mit Blei-Säure-Akkus verwendet. Hier besteht die Gefahr der Verätzung durch Schwefelsäure und Explosionsgefahr durch Sauerstoff- und Wasserstoffgase.

Erkrankung/Verletzung: Lichtbogen der Gleichspannung (Netzhautschäden und Verbrennungen):

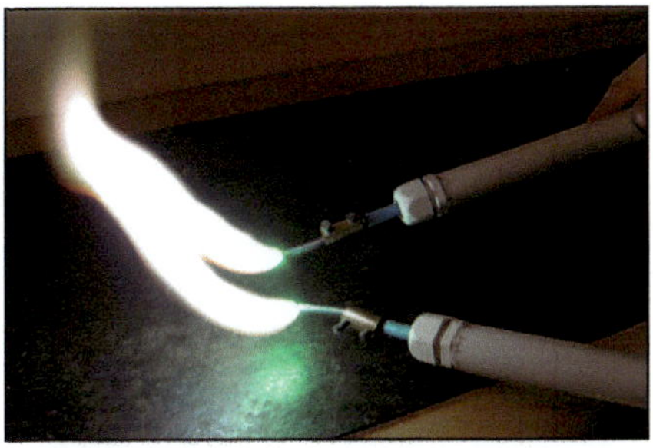

Abb. 38: Lichtbogen. (Foto: Wolf, Bad Hersfeld)

Abb. 39: Beschädigte Modulscheibe. (Foto: Wolf, Bad Hersfeld)

Abb. 40: Durch Brand und Einsturz der Halle des Sägewerks zerstörte PV-Anlage. Die Bruchstücke waren über mehrere hundert Meter in den anliegenden Feldern zu finden. Die Landwirte wurden über die Einsatzleitung bzw. Bauernverbände oder persönliche Kontakte der örtlichen Einsatzkräfte informiert. (Foto: Max Knödlseder, Pfarrkirchen)

Beim Trennen von Steckverbindungen oder Schneiden der unter Spannung stehenden DC-Leitungen kann ein langanhaltender Lichtbogen entstehen, der die Netzhaut der Augen schädigt und es kann u.U. zu Verbrennungen kommen.

Beschädigte PV-Anlagen (z.B. durch Hagel mit Sturm oder fast immer bei Brandfällen) können feine Bruchstücke (Kunststoffe, Glas) mit dem Wind bzw. der Thermik des Feuers z.B. auf Felder verteilen. Das ist gefährlich für Mensch (Lebensmittel) und Tiere (Weide, Futter)!

Nicht (ganz) so gefährlich sind die Glasscheiben der PV-Module. Diese bestehen fast ausschließlich aus Sicherheitsglas (ESG), welches ähnlich wie Scheiben bei Kfz in kleine Teile zerspringt. Durch die Laminierung haften die Glasteile meist noch an den Folien. Allerdings entstehen trotzdem Glassplitter und scharfe Schnittkanten.

2.3.3 Maßnahmen

2.3.3.1 Grundsätzliche Maßnahmen

- Es ist umfassend und gründlich zu erkunden.
- Das Formular[1] „Dokumentation PV-Stromspeicher" (Abb. 41) als hilfreichen Leitfaden nutzen.
- Möglichst schon in der Anfangsphase die Installationsfirma der Anlage oder einen anderen Fachbetrieb für Photovoltaikanlagen über das Ereignis informieren und je nach Lage einen Techniker zur Einsatzstelle anfordern.
- Falls vorhanden, Feuerwehr-Elektrowerkzeugkasten nach DIN 14885 bereithalten.
- Den Energieversorger benachrichtigen und das Objekt spannungsfrei schalten lassen.
- Auf den evtl. größeren Trümmerschatten achten und diese Bereiche absperren.
- Modulflächen nicht betreten
- Keine Module zerstören oder einschlagen
- Einsatzstellenbeleuchtung so aufstellen, dass der PV-Generator möglichst nicht beleuchtet wird. Ein Abstand von ca. 20 Meter und möglichst keinen rechten Winkel zur Modulfläche verringert die dadurch erzeugte elektrische Spannung erheblich.
- Sicherheitsabstände (DIN VDE 0132 – Brandbekämpfung und Hilfeleistung im Bereich elektrischer Anlagen) einhalten. Da Niederspannung: 1 m bei Sprühstrahl[2]/5 m bei Vollstrahl bei C-(Hohl)Strahlrohren.
- Je nach Objekt sollte frühzeitig ein Hubrettungsgerät zur Verfügung stehen.
- (Löschmaßnahmen im Dachbereich aus sicherer Entfernung)

[1] Das Dokument ist als ausfüllbares pdf-Dokument unter https://www.pvsafety.de/downloads/formular-dokumentation-einsatz-an-pv-anlagen-stromspeicher/ oder über den oben abgebildeten QR-Code downloadbar.

[2] Die Abstände der DIN VDE 0132 u.a. im Bereich C-Hohlstrahlrohre werden seit vielen Jahren kontrovers diskutiert, vgl. DE VRIES, 2000–2008.

Dokumentation Einsatz Photovoltaikanlage / Stromspeicher

Seite 1 - Feuerwehr

Einsatzstelle		**Objektart**	Bitte ankreuzen
Ort:		Einfamilienhaus	
Straße:		Mehrfamilienhaus	
Eigentümer / Mieter		Gewerbeobjekt	
Name:		Freifläche	
Telefon:		Sonstiges:	

Einsatzdaten:

Datum:		Einsatzbeginn:		Einsatzende:	
Einheit			Ort		
Einsatzleiter			Tel.:		

Anlagendaten:

Photovoltaikanlage	Ja	Nein	Unklar	**Batteriestromspeicher**	Ja	Nein	Unklar
Größe:				Größe:			
Klein-/Balkonanlage – bis 5 Module				Heimspeicher			
mittlere Anlage EFH/MFH – bis 50 Module				Gewerbespeicher			
große Anlage 50 bis 350 Module				Quartierspeicher			
Großanlage (Mittelspannung)				Großspeicher			
DC-Freischalter/Feuerwehr-Schalter betätigt				Not-Aus betätigt			

Schaden:

Schadenart PV-Anlage:	**Schadenart Speicher**
Brand	Brand
Techn. Defekt	Techn. Defekt
Überflutung	Rauchentwicklung
Sonstiges:	Überflutung
	Sonstiges:
Anlage vom Schaden:	Speicher vom Schaden:
nicht betroffen	nicht betroffen
bedroht	bedroht
teilw. beschädigt	teilw. beschädigt
zerstört	zerstört

Einsatzmaßnahmen in Stichworten:

Weiter auf der Rückseite!

Abb. 41: Dokumentation PV-Stromspeicher. (© Wolf, Bad Hersfeld)

Dokumentation Einsatz Photovoltaikanlage / Stromspeicher

Seite 2 Elektrofachkraft / Energieversorger

Fachkraft:

Name:		Qualifikation:	
Eintreffen E-Stelle:		Verlassen E-Stelle:	

Maßnahmen Fachkraft:

PV-Anlage DC spannungsfrei geschaltet	Batteriespeicher spannungsfrei geschaltet
PV-Anlage AC spannungsfrei geschaltet	Batteriespeicher abgeklemmt/Leitungen getrennt
Spannungsfreiheit festgestellt	Thermografie/WBK Kontrolle Uhrzeit:
Gebäude von Netz getrennt	Ergebnis Thermografie:
gegen Wiedereinschalten gesichert	unauffällig
EVU informiert / vor Ort	auffällig:
Sonstiges:	Grund:

Besondere Maßnahmen Fachkraft:

Datum, Unterschrift Fachkraft:

Gefahren:

Die Gefahren wurden beseitigt, bzw. die Einsatzstelle ist gesichert
Es bestehen noch folgende Gefahren:

Übergabe Einsatzstelle, ggf. zur weiteren Beobachtung / Sicherung an

Name:

Datum, Unterschrift Übernehmender/Vertreter:

Informiert wurden:

Eigentümer/in	Mieter/in	Betreiber/in
Polizei	Ordnungsamt	Bürgermeister/in
Betreiber/in	EVU	Sonstige:

Datum, Unterschrift Einsatzleiter:

Abb. 41 *(Fortsetzung)*

- Keine Anschlusskästen/Verteiler öffnen!
- Keine DC-Leitungen oder Steckverbinder trennen!
- Umluftunabhängigen Atemschutz tragen.
- Vollständige PSA tragen.
- Trockene, unbeschädigte Einsatzkleidung und Handschuhe vermindern das Risiko, einen elektrischen Schlag zu bekommen.
- Lüftungsanlagen abschalten.

2.3.3.2 Spezielle Maßnahmen

- Falls alle PV-Anlagenteile unversehrt sind, geht keine Gefahr von der PV-Anlage aus.
- Sind Anlagenbauteile beschädigt oder unmittelbar bedroht, gilt:
  1. AC-Sicherungen ausschalten – Hauptschalter ausschalten.
  2. „Feuerwehrschalter“ (falls vorhanden) betätigen.
  3. Bei vorhandenem und zugänglichem DC-Trennschalter, diesen ausschalten. Achtung: Zwischen PV-Generator und DC-Trennschalter ist bei Lichteinfall immer noch elektrische Spannung vorhanden.

  Ist kein DC-Trennschalter vorhanden oder nicht zugänglich, liegt elektrische Spannung bis zum Wechselrichter an. Hier ist ganz besonders auf die Einhaltung der Sicherheitsabstände zu achten!
- Unbedingt auf beschädigte oder herabhängende Kabel achten.
- Sprühstrahl bei Löschmaßnahmen verwenden.
- Brände von Verteilern und Schaltkästen können mit CO_2-Löschern bekämpft werden (Abstand 1 m).
- Bei Aufdachanlagen auf Kamineffekt unter der Modulfläche achten. (Ausbreitung, Luftströmungen).
- Nach Beendigung des Einsatzes die PV-Anlage durch Fachfirma elektrisch sichern lassen. Kein Wiedereinschalten durch die Feuerwehr!
- Gefährdungsbereiche absperren und Einsatzstelle nach Beendigung des Einsatzes an Betreiber, Eigentümer oder Vertreter übergeben.

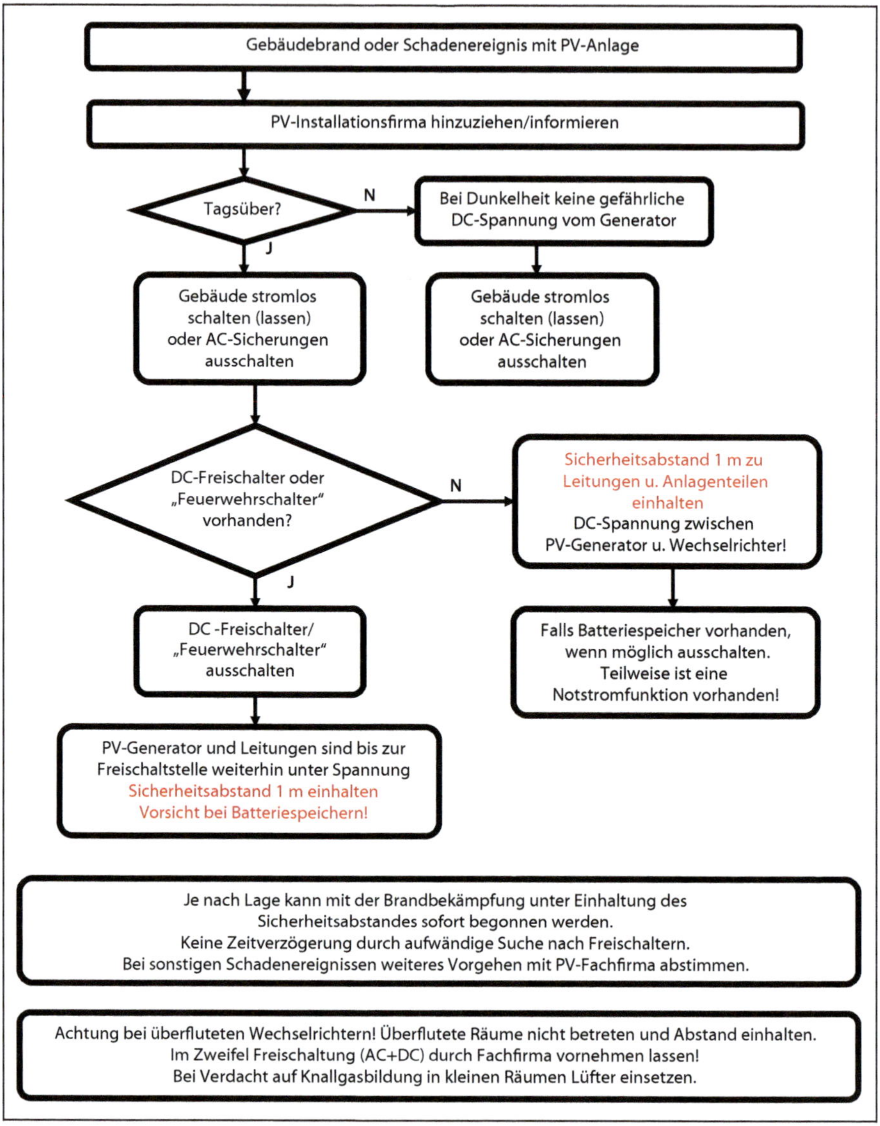

Abb. 42: „Vorgehen im Einsatzfall". (Grafik: Wolf, Bad Hersfeld)

2.3.3.3 Neue Methoden mit ggf. nur eingeschränktem Nutzen

Das Abdecken des PV-Generators durch Folien oder Gele zum Aufsprühen ist in der Praxis aufgrund des Zeitbedarfs, des Problems der Erreichbarkeit (oft auf Dächern!) und der Vorhaltung entsprechender Mengen i.d.R. vor allem für großflächige Anlagen nicht durchführbar.

Abb. 43: Großflächige und fast durchgehend geschlossen gebaute PV-Anlage mit wenig Abgrenzungs- bzw. Befestigungsmöglichkeiten. Bei solchen Anlagen sind Folien schon flächenmäßig fast unmöglich und Gele werden in ausreichender Menge benötigt. Zum Aufbringen ist dazu immer mindestens ein leistungsfähiges Hubrettungs- oder -arbeitsgerät nötig. (Foto: Wolf, Bad Hersfeld)

Bei Folien besteht dazu die Gefahr des Wegfliegens bei Wind, sie müssen daher entsprechend sorgfältig und sicher befestigt werden. Dazu ist das Hantieren mit stabilen Folien auf Dächern bei Wind mit einigen Zusatzgefahren verbunden.

Bei bodennahen Freiflächenanlagen ist es zwar eher möglich, aber auch hier muss der Material- und Zeitbedarf berücksichtigt werden.

Es gibt einige neuere Abdeckvarianten mittels aufzusprühender haftender Gele, die nach Herstellerangaben eine recht gute Wirksamkeit haben sollen. Auch hier besteht jedoch das Problem, größere Anlagen mit ausreichend viel Produkt schnell genug (ggf. auch in der Höhe eines Dachstuhls) abdecken zu können. Um die Stromerzeugung des Generators oder eines einzelnen Strings vollständig zu unterbinden, muss jeweils die ganze Fläche lichtundurchlässig abgedeckt werden. Da nicht abgedeckte Flächen weiterhin Strom erzeugen, liegt, bedingt durch die Reihenschaltung der Module im String, weiterhin eine elektrische Spannung an. Wenn möglich, sollte eine Elektrofachkraft den Erfolg der Maßnahmen durch Spannungsmessung überprüfen.

Dies können aber geeignete Maßnahmen sein, die DC-Spannung am Generator auf ein ungefährliches Maß zu verringern, um z.B. einen lokalen Schwelbrand zu bekämpfen, oder einen THL- oder Rettungsdiensteinsatz an einer dort befindlichen Person zu ermöglichen. Beachten Sie dabei, dass natürlich alle nicht abgedeckten Teile der Anlage weiter Strom erzeugen! Decken Sie einzelne Segmente daher immer komplett ab! Halten Sie von nicht abgedeckten Teilen der Anlage, die nicht abgeschaltet werden können, ausreichend Sicherheitsabstand!

2.3.3.4 Ungeeignete Maßnahmen

Eine Reihe von Maßnahmen haben sich bei Versuchen als v.a. für flächige Anlagen ungeeignet, wirkungslos oder gar gefährlich erwiesen.

Bei der Abdeckung durch Schaummittel wurde im Versuch festgestellt, dass der Schaum nach kurzer Zeit von der Modulfläche abfließt und auch bei intakter Schaumfläche möglicherweise die elektrische Spannung nicht weit genug gesenkt wird.

Das Trennen der DC-Leitungen außerhalb der dafür vorgesehen Schalteinrichtungen birgt die Gefahr des Lichtbogens und des elektrischen Schlages direkt auf die Einsatzkräfte. Eine Gefährdung von weiteren Personen durch Spannungsverschleppung über metallene Anlagenbauteile ist ebenfalls möglich.

Eine Zerstörung der PV-Module führt ebenfalls nicht zur Spannungsfreischaltung, eher aber durch freiliegende elektrische Leiter zu einer weiteren Gefährdung von Einsatzkräften. Auch hier besteht die Gefahr der Spannungsverschleppung durch Beschädigung der Isolierung.

2.3.3.5 Sonstiges

Bei Einsatz von Hubrettungsfahrzeugen sind ebenfalls die Sicherheitsabstände nach DIN VDE 0132 einzuhalten. Die HAUS-Regel (www.drehleiter.info) sieht bei Spannungen bis 1.000 Volt einen Sicherheitsabstand von mindestens 1 Meter vor.

Beim Rettungseinsatz z.B. über Dachfenster, Dachbalkone zur Unterstützung des Rettungsdienstes zum Patiententransport und bei unbeschädigten PV-Anlagen kann der Abstand verringert werden. Allerdings ist hier besonders darauf zu achten, dass keine PV-Module beschädigt werden!

Elektrische Spannungen, auch unter 1.000 Volt, können die Sicherheitseinrichtungen und andere elektrische Teile eines Hubrettungsfahrzeuges nachhaltig beschädigen. Deswegen ist eine direkte Berührung mit beschädigten PV-Anlagen neben der Gefahr der Schäden für Personen unbedingt zu vermeiden.

2.3.3.6 Aufgabe des Objekts

Allein das Vorhandensein einer Photovoltaikanlage an einem Objekt mit einen Schadenereignis ist kein Grund, das Objekt aufzugeben oder gar untätig zu sein.

Die grundsätzliche Prüfung der taktischen Option „Aufgeben" muss daher nach den auch sonst dafür geltenden Kriterien getroffen werden. Diese sind

- Menschenrettung noch möglich?
- Aufwand und Risiko des Sachwertschutzes vs Nutzen und verbleibender Restwert

2.4 Sonstiges

2.4.1 Umweltschutz <> zerstörte Module

Zerstörte Module gelten z.B. als Brandschutt bzw. bei rein mechanischer Zerstörung als Elektroschrott und werden jeweils als solcher entsorgt.

Bestimmte Modultypen können sehr geringe Mengen an Blei bzw. Cadmium enthalten. Die EU hat allerdings 2010 die PV-Module von den Vorgaben zur Sondermüllentsorgung befreit. Das wird allerdings seit einigen Jahren diskutiert und könnte sich künftig wieder ändern, vgl. SOLARANLAGE. EU, 2024.

Die Rückgabe beschädigter Module kann bei der Organisation PV-Cycle (www.pvcycle.org) erfragt werden.

2.4.2 Klein-Solar-Anlagen, Inselsysteme (Off-Grid)

Mini-PV-Anlagen, Balkon-Solar-Anlagen, auch bekannt unter „Balkonkraftwerken“ sind steckerfertige Photovoltaikanlagen mit kleiner Leistung, die einfach von Laien montiert und installiert werden dürfen. Diese Geräte, bestehend in der Regel aus ein bis vier PV-Modulen, einem Microwechselrichter und einem steckerfertigen Kabelsatz und Zubehör wie Halterungen und Montagematerial. Die meisten Anlagen sind am Balkongeländer montiert oder auf dem Balkon, auf der Terrasse oder im Garten aufgestellt. Durch den Anschluss über eine Steckverbindung speisen die Geräte den Strom direkt in einen Stromkreis im Haus ein. Ein Festanschluss ist auch möglich. Auch hier verhindert eine Schutzschaltung, dass bei gezogenem Stecker oder Ausfall des Stromnetzes weiter Strom erzeugt wird, der Wechselrichter schaltet sofort ab.

Abb. 44 und 45: Bushaltestelle mit PV-Modul (links) und Parkscheinautomat (rechts). (Fotos: Wolf, Bad Hersfeld)

Abb. 46 und 47: Verkehrszeichen (links). (Foto: Katja Besch, Völklingen). Messstation (rechts). (Foto: Wolf, Bad Hersfeld)

Balkon-Solar-Anlagen stellen für die Feuerwehr keine Gefahr dar, jedoch ist bei Brandeinwirkung oder bei Beschädigung der Komponenten und beim Anleitern ein Sicherheitsabstand von 1 Meter (DIN VDE 0132) einzuhalten. Weiterhin sollte beim Anleitern am Balkon eine Beschädigung der Module vermieden werden.

In Deutschland ist die Versorgung mit elektrischem Strom zwar fast flächendeckend ausgebaut, aber es gibt auch Anwendungen, wo es einfacher und kostengünstiger ist, sogenannte PV-Inselanlagen (Off Grid) einzusetzen.

Diese Systeme haben keinen Anschluss an das übrige Stromnetz und arbeiten völlig autark.

Im einfachsten Fall braucht man dazu nur ein Photovoltaikmodul, einen Laderegler und einen Akkumulator. So eine einfache Anlage bietet die Mög-

Abb. 48 und 49: Balkonsolaranlage (links) und Mini-PV-Anlage an einer Fassade (rechts). (Fotos: Wolf, Bad Hersfeld)

lichkeit, direkt eine Leuchte oder ein Gerät mit 12 oder 24 Volt Anschlussspannung zu betreiben. Das PV-Modul dient zur Aufladung der Batterie.

Beispiele hierfür sind Parkscheinautomaten, Bushaltestellen außerhalb der Ortslage, Straßenleuchten zwischen Ortschaften etc.

Abb. 50: Straßenleuchte mit PV-Modul. (Foto Wolf, Bad Hersfeld)

Bei der Straßenleuchte mit PV-Modul in Abb. 50 handelt es sich allerdings um eine Leuchte mit Netzanschluss. Die Konstruktion dient lediglich als „Halter“ für das Modul. Hier liegen neben der geringen Gleichspannung des PV-Moduls aber auch 230 Volt Wechselspannung aus dem Netz im Beleuchtungsmast an!

Vereinzelt sind zwischen Ortschaften oder in Randlagen Straßenleuchten ohne Netzanschluss aufgestellt. Diese werden autark durch Batterien, welche tagsüber mit Solarstrom geladen werden, mit Energie versorgt.

Ähnlich aufgebaut sind auch PV-Anlagen wie sie bei Wohnmobilen, Wohnwagen, Segelbooten und LKWs Anwendung finden. Hier wird oftmals zusätzlich noch ein kleiner Wechselrichter (Konverter) verwendet, um aus der 12/24 Volt Spannung 230 Volt Wechselstrom zu erzeugen. Bedingt durch den hohen Stromverbrauch wird der Konverter meist nur zeitweise genutzt.

Schadensereignisse an solchen kleinen Anlagen stellen für die Feuerwehr keine erhöhte Gefahr dar, allerdings muss auch hier gründlich erkundet werden.

Die Gefahr, die von einer Batterie ausgeht, ist hier größer als die Gefahr der Elektrizität.

2.4.3 Schutzeinrichtungen und technische Möglichkeiten

Bereits 2005 befasste man sich mit der Problematik, die erzeugte Spannung einer PV-Anlage abschalten, bzw. auf eine ungefährliche Größe reduzieren zu können. Inzwischen werden eine ganze Reihe von Möglichkeiten von Schutzeinrichtungen und Schalter für die DC-Spannung, die Einsatzkräfte und Laien betätigen können, angeboten. Wichtig ist hierbei der Ort der elektrischen Trennung. Denn nur eine Unterbrechung der DC-Spannung möglichst nah am PV-Generator ist sinnvoll.

Es werden verschiedene Abschaltsysteme angeboten. Einige werden in die DC-Leitung der PV-Module mit dem Wechselrichter eingebaut und andere sind bereits fest in die Modulanschlussdose integriert. Auch in der Auslösemöglichkeit unterscheiden sich die Trennschalter. Neben den rein mechanischen Schaltern gibt es welche mit Unterspannungsauslösung und elektronischer Überwachung der DC-Leitung auf Störungen. Bei einigen Systemen ist die Handauslösung mittels Druckknopf zusätzlich gegeben.

Jede Möglichkeit der Auslösung hat gewisse Vorteile. Die Schalter, die auf Unterspannung reagieren, haben beispielsweise den Vorteil, dass bei Spannungsfreischaltung des ganzen Objektes durch den Energieversorger gleichzeitig die PV-Anlage außer Betrieb gesetzt wird. Man braucht nicht den Handauslöser zu suchen.

Durch die Vielzahl der unterschiedlichen Anlagengrößen, die unterschiedliche Anzahl der PV-Module und Wechselrichter je Anlage und die räumliche Ausdehnung gib es aber keine Abschaltlösung, die für alle Anlagen gleich gut geeignet ist.

Einige Anbieter von diesen Systemen bieten auch Hinweisleuchten an, die bei erfolgter Abschaltung die Spannungsfreiheit signalisieren. Das mag zwar recht hilfreich sein, allerdings garantiert derzeit niemand die Funktionstüchtigkeit!

Hier helfen ebenfalls nur die gründliche Erkundung und die präventive Information im Vorfeld, wie bereits empfohlen.

Die Praxis hat gezeigt, dass ein Löschen eines Gebäudebrandes mit PV-Anlagen unter Einhaltung der Sicherheitsabstände meist immer möglich ist.

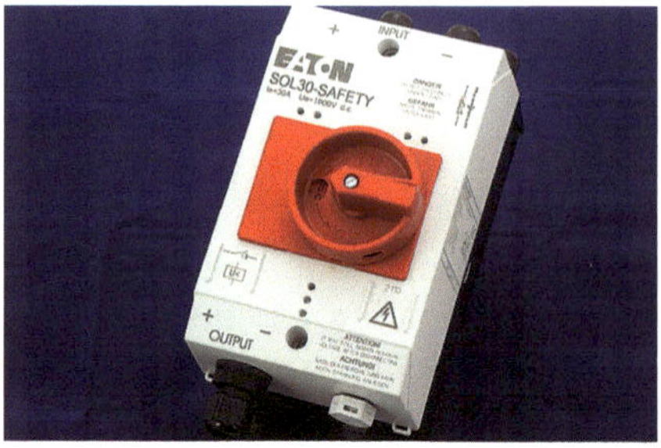

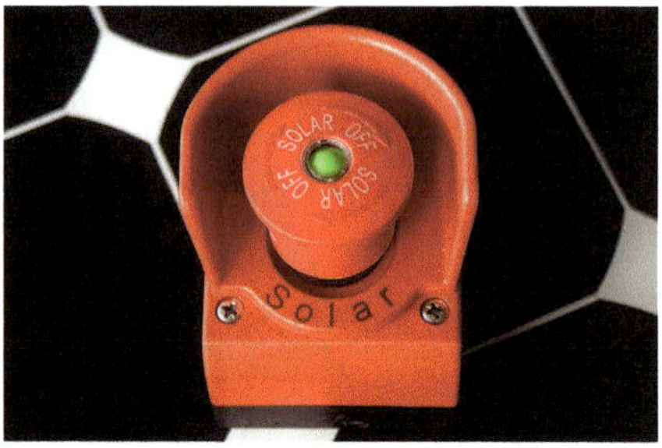

Abb. 51 und 52: Feuerwehrschalter Eaton (links) und Auslöseknopf Eaton (rechts). (Fotos: Wolf, Bad Hersfeld)

2.4.4 Solarthermie

Solarthermie-Anlagen auf Dächern erzeugen keine elektrische Energie, sondern entsprechend ihres Namens Wärmeenergie.

Auf dem Dach, oder an Fassaden befinden sich die sogenannten Kollektoren. Diese erwärmen eine Wärmeträgerflüssigkeit auf bis zu 150 °C (je nach Kollektortyp). Über die Zu- und Ableitungen sind die Kollektoren mit einem Warmwasserspeicher verbunden. Durch eine Umwälzpumpe zirkuliert die Wärmeträgerflüssigkeit und gibt über einen Wärmetauscher die Wärmeenergie an den Warmwasserspeicher ab. Das dort befindliche Wasser erwärmt sich, kann beispielsweise als Heizungsunterstützung dienen oder als Brauchwasser verwendet werden.

Gebräuchlich sind Vakuumkollektoren und Flachkollektoren. Besonders die Flachkollektoren sehen den PV-Modulen ähnlich. Hier ist besonders bei der Erkundung auf die erkennbaren Detail-Unterschiede zu achten:

- Kollektoren für Solarthermie-Anlagen haben dicke, isolierte Rohrleitungen als Anschluss. Das unterscheidet sie recht offensichtlich von den Photovoltaikmodulen.
- Auch ist die Anzahl der Kollektoren meist deutlich geringer als die der PV-Module.

Ganz ungefährlich sind Solarthermieanlagen allein schon wegen der möglichen hohen Temperatur der Wärmeträgerflüssigkeit allerdings nicht.

Abb. 53 und 54: Solarthermieanlage mit Flachkollektor (links) und PV- und Solarthermieanlage mit Röhrenkollektor (rechts). (Fotos: Wolf, Bad Hersfeld)

2.5 Batteriestromspeicher

Mit Batteriestromspeichern lässt sich der selbst erzeugte Strom der Photovoltaikanlage oder anderer Erzeugungsquellen zeitunabhängig nutzen. Hierdurch steigt die Eigenverbrauchsquote und sorgt besonders im privaten Bereich für eine Teilautarkie. Im gewerblichen Bereich kommen weitere Vorteile, wie z.B. die Vermeidung von Lastspitzen hinzu.

Einige Batteriestromspeicher haben eine Notstromfunktion, um wichtige Stromkreise auch bei Netzausfall weiter mit Strom zu versorgen.

Dieses Kapitel widmet sich Batteriestromspeichern für Wohngebäude und kleineren gewerblichen Anwendungen.

2.5.1 Aufbau und Funktion

Batteriestromspeicher bestehen im Wesentlichen aus Batteriemodulen mit den Batteriezellen, einem Batteriemanagementsystem (BMS) und einem Gehäuse. Ladeelektronik oder Wechselrichter können dort zusätzlich mit ein- oder in der Nähe verbaut sein. Ebenso kann es auch zusätzliche, ggf. auch abgesetzt verbaute Batterieschränke geben.

Funktion und Aufbau von Batteriestromspeichern sind in diesem Werk zum Zweck der Verständlichkeit vereinfacht beschrieben und dargestellt.

Als Zellen werden heute sekundäre, also wieder aufladbare Zellen verwendet. Zur Anwendung kommen zylindrische Rundzellen, Pouchzellen oder auch prismatische Zellen. Alle Bauformen funktionieren nach dem gleichen Prinzip.

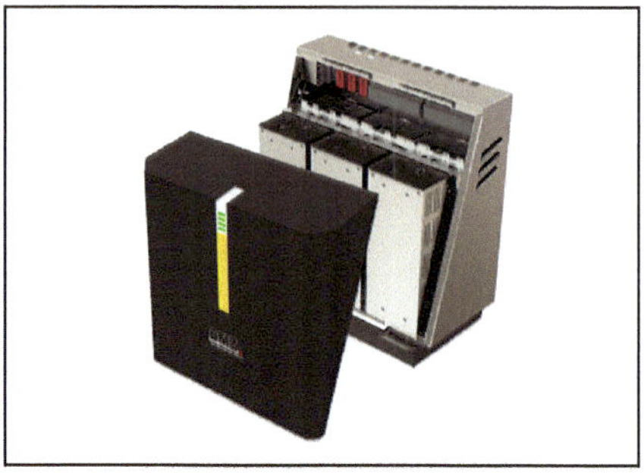

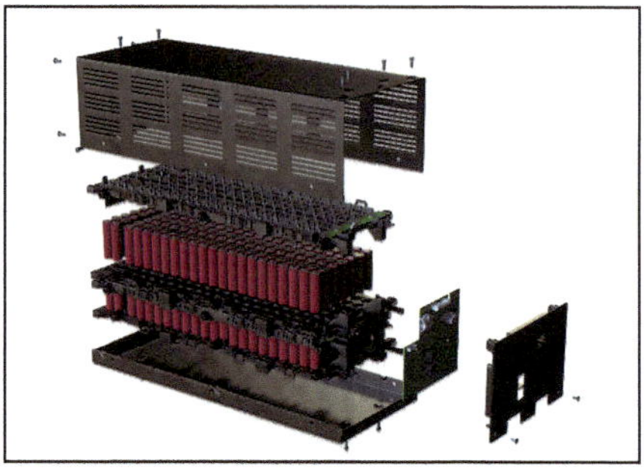

Abb. 55 und 56: Batteriestromspeicher, geöffnet mit 6 Batteriemodulen (links) und Batteriemodul, geöffnet mit Lithium-Ionen Rundzellen (Magenta) und dem BMS (rechts). (Grafiken: BMZ Germany GmbH)

Neben Lithium-Ionen-Akkus kommen zunehmend auch andere zum Einsatz, wie Nickel-Eisen-Versionen (NiFe-Akkus), die einige Jahre aufgrund mangelnder Leistung kaum Verwendung fanden. Mittlerweile sind sie besser geworden, da sie weniger sensibel und meist günstiger sind, und daher steigt nun die Häufigkeit der Verwendung.

Es gibt noch eine Reihe weitere Typen von Lithium-Ionen-Zellen. Derzeit besitzen die meisten PV-Batteriestromspeicher LFP-Akkus, NCA-Akkus oder NMC-Akkus. Darüber hinaus gibt es noch weitere Akku-Technologien und die Batterieforschung beschäftigt sich bereits mit weiteren Batterie-Typen, wie z.B. Natrium-Ionen-Zellen, die in Zukunft zur Anwendung kommen könnten.

Nachfolgend beispielhaft die kurze Beschreibung der wohl immer noch am häufigsten vorkommenden Lithium-Ionen-Technik:

Eine Lithium-Ionen-Zelle besteht im Prinzip aus vier Komponenten: Der Anode (Minuspol), der Kathode (Pluspol), dem Elektrolyt und dem Separator. Die Kupferfolie der Anode ist mit Graphit beschichtet. Die Kathode ist eine Aluminiumfolie, die aktives Kathodenmateriel enthält, welches aus verschiedenen Metalloxiden besteht. Man verwendet z.B. Cobalt, Nickel, Mangan oder Aluminium. Auch können beispielsweise Phosphate zur Anwendung kommen. Je nach verwendetem Kathodenmateriel bezeichnet man die Zellen als LFP-Akkus (bei Eisenphosphat), NMC-Akkus (bei Nickel-Mangan-Cobaltoxid) oder auch NCA-Akkus (bei Nickel-Cobalt-Aluminiumoxid).

Damit sich die Lithium-Ionen in der Zelle während des Lade- und Entladevorgangs bewegen können, ist ein Elektrolyt enthalten. Der Elektrolyt, der

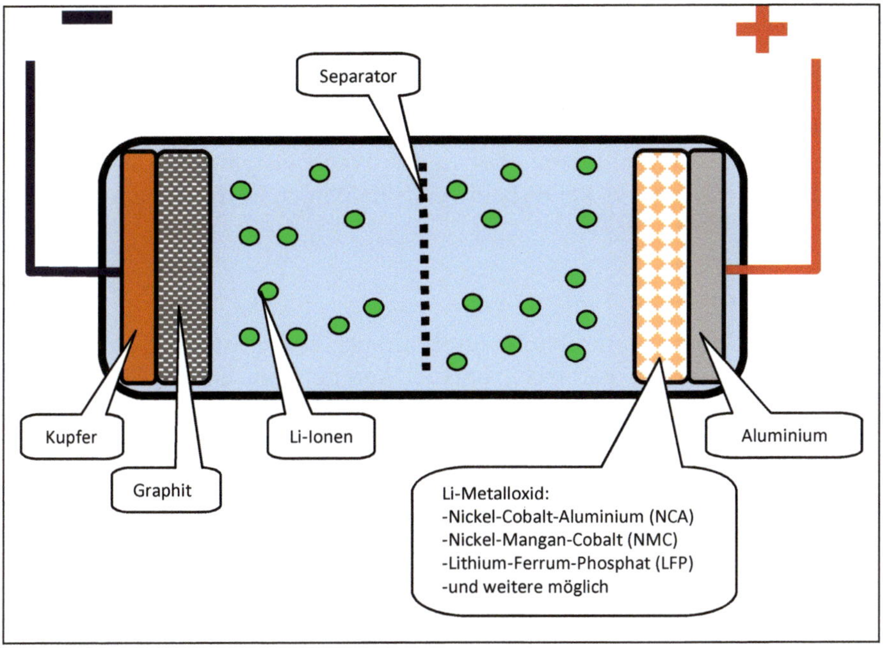

Abb. 57: Schematischer Aufbau einer Lithium-Ionen-Zelle. (Grafik: Wolf, Bad Hersfeld)

wasserfrei sein muss, enthält organische Lösungsmittel, in denen ein Leitsalz gelöst ist. Als Leitsalz verwendet man in der Regel Lithiumhexafluorophosohat ($LiPF_6$).

Der Separator ist eine Membrane, die einen Kurzschluss zwischen Anode und Kathode verhindert. Die Membrane ist so aufgebaut, dass sie für Ionen durchlässig ist, damit sich die Lithium-Ionen beim Laden- oder Entladen der Zelle von der Kathode zur Anode und umgekehrt bewegen können. Der Separator besteht meist aus Vlies oder einem Polymer (Kunststoff).

Eine wichtige Komponente eines Batteriespeichers ist das Batteriemanagementsystem, abgekürzt BMS genannt. Ein Batteriemanagementsystem besteht in der Regel aus mehreren Teilen. Ein Teil des BMS sorgt auf Zellebene für die Einhaltung der wichtigen Parameter wie z.B. Zellspannung, Lade- und Entladestrom, sowie Zelltemperatur. Ein weiterer Teil dieses Kontrollsystems fasst auf Modulebene die Informationen der Zellen zusammen und eine übergeordnete Elektronik, die so genannte „Battery Control Unit“ ist dann die Schnittstelle zwischen Gerät und Batterie. Damit ein Batteriestromspeicher sicher betrieben werden kann, muss das Betriebsfenster der Zellen mit den Parametern wie Strom, Spannung und Temperatur unbedingt eingehalten werden. Dafür ist das BMS zuständig.

Batteriestromspeicher werden entweder im Gleichspannungsstromkreis der PV-Anlage angeschlossen oder in den Wechselstromkreis des Gebäudes installiert (Abb. 19). Bei Hybridwechselrichtern ist der Speicher im Gehäuse integriert (Abb. 13).

2.5.2 Erkundung

Besitzt ein Gebäude eine Photovoltaikanlage, sollte man bei der Erkundung auch an einen Batteriestromspeicher denken. Solche Geräte sind nicht immer sofort als Batteriespeicher zu erkennen.

Nachfolgend einige Beispiele unterschiedlicher Geräte.

Abb. 58 und 59: Speicher der Fa. Senec (links) und Speicher der Fa. Tesla (rechts). (Fotos: Wolf, Bad Hersfeld)

Abb. 60 und 61: Speicher der Fa. Ecocoach (links) und Speicher der Fa. Benning (rechts). (Fotos: Wolf, Bad Hersfeld)

2.5.3 Gefahren und Maßnahmen

Grundsätzlich kann man bei PV-Batteriestromspeichern, die nach den geltenden Normen, Vorschriften und aktuellen Regeln der Technik industriell hergestellt wurden, von sicheren Geräten ausgehen. Wie bei jedem anderen Elektrogerät lassen sich Sicherheitsrisiken aber nie ganz ausschließen.

Neben der Fertigung der Batteriestromspeicher sind weitere Faktoren für die Betriebssicherheit wichtig. Hier wären wie folgt zu nennen:

Schonender Transport, fachgerechte Montage und Inbetriebnahme durch Elektrofachkraft (ggf. durch den Hersteller zertifiziert), Einhaltung der vorgeschriebenen Aufstell- und Umgebungsbedingungen (besonders Temperatur, Luftfeuchtigkeit, Atmosphäre), geeigneter Aufstellraum, möglichst mit Lüftungsmöglichkeit ins Freie und regelmäßige Betriebskontrolle/Monitoring mit Wartung vor Ort (E-Check).

Folgende Ereignisse können zu einem Defekt bis hin zum Brand oder gar Explosion an einem Batteriespeicher führen:

- Erwärmung durch externe Wärmequelle, z.B. durch Sonneneinstrahlung oder auch einem Brand,
- interner Kurzschluss durch fehlerhafte Zellen oder mechanische Beschädigung,
- externer Kurzschluss durch Installationsfehler oder
- Überladung oder
- Tiefentladung durch defektes Batteriemanagementsystem (BMS).

Diese Ereignisse haben zur Folge, dass die Zellen Wärme entwickeln, was zu weiteren Reaktionen führt. Diese können ein Bersten der Zelle mit Freisetzung von toxischen und explosiven Gasen oder ein thermisches Durch-

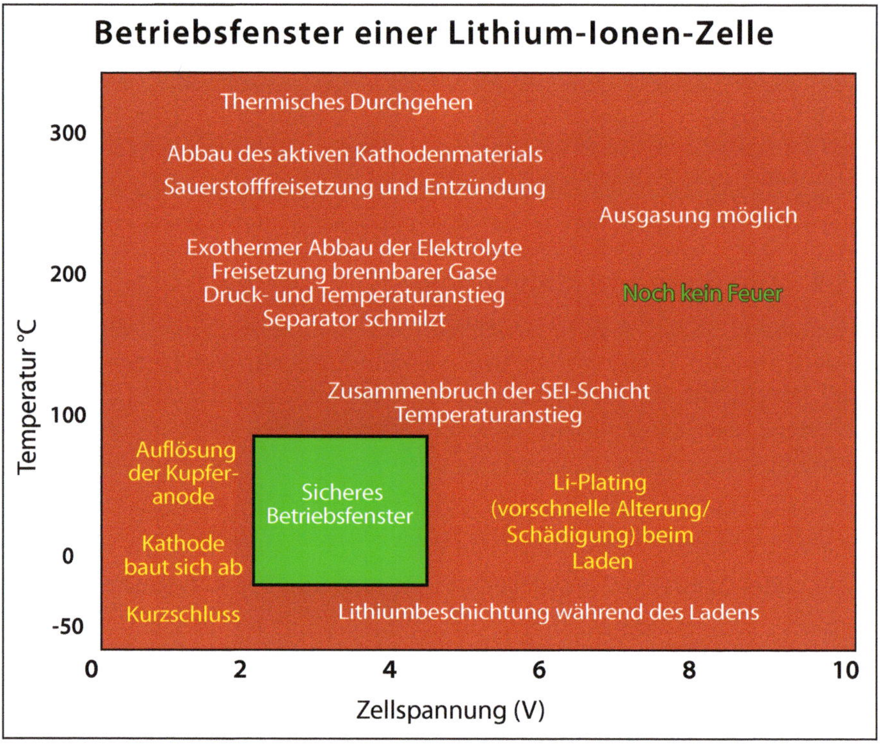

Abb. 62: Betriebsfenster einer Lithium-Ionen-Zelle. (Grafik: ecomed-Storck GmbH, Landsberg am Lech)

gehen der Zelle mit Stichflammenbildung und das Übergreifen auf benachbarte Zellen sein. Ein Stoppen der Reaktion ist dann meist nicht mehr möglich.

Achtung Gefahr:
Durch das thermische Durchgehen eines Lithium-Ionen-Speichers kann sich sehr viel Gas bilden, was zu akuter Explosionsgefahr führt. Vorsicht beim Betreten von Gebäuden und Räumen. Weiterhin können sich sehr hohe Temperaturen entwickeln und es besteht Verletzungsgefahr durch explodierende Zellen oder Batteriemodule.

Bei Wärmeentwicklung einer Zelle durch die zuvor genannten Ursachen ab ca. 65–75 °C wird der Separator so beschädigt, dass ein Austreten von explosiven, toxischen Gasen und ab ca. 250 °C ein thermisches Durchgehen (Thermal Runaway) mit einem Brand erfolgen kann.

2.5.3.1 Grundsätzliche Maßnahmen

- Das Formular „Dokumentation PV-Stromspeicher“ (Abb. 41) als hilfreichen Leitfaden nutzen
- Umluftunabhängigen Atemschutz verwenden.
- Schutzkleidung nach EN 469:2020 Stufe 2 tragen.
- Für Abluft ins Freie sorgen, mobilen Rauchverschluss einsetzen.
- Lüftungsgerät nach Erfordernis einsetzen.
- Gebäude, bzw. betroffene Räume stromlos schalten (lassen).
- Speicher ausschalten (falls möglich).
- Sind Leitungen oder elektrische Einrichtungen beschädigt, Sicherheitsabstände gemäß DIN VDE 0132 einhalten.
- Keine Zellen und Zellbestandteile ungeschützt berühren

2.5.3.2 Maßnahmen bei Bränden

- Grundsätzliche Maßnahmen (2.5.3.1) beachten.
- Als Löschmittel Wasser einsetzen, Sonderlöschmittel, z.B. Schaum, ist im Einzelfall abzuwägen.
- Löschmaßnahmen unter Einhaltung der Strahlrohrabstände DIN VDE 0132
- Durch Kühlen mit Wasser versuchen, die Zersetzung weiterer Zellen und das thermische Durchgehen des Batteriemoduls zu unterbrechen.

- Ein Ausbrennen des Speichers unter Verhinderung der Brandausbreitung kann eine alternative Maßnahme sein.
- Falls gefahrlos möglich, kann der Speicher demontiert und ins Freie gebracht werden, um den Gebäudeschaden nicht zu vergrößern. (Elektrofachkraft hinzuziehen!)
- Durch den Aufbau des Speichers kein verlässliches Wärmebild (WBK)!
- (Haut)Kontakt mit Löschwasser (Fluorwasserstoff) vermeiden
- Keine Zellen und Zellbestandteile ungeschützt berühren.
- Gase und Dämpfe nach Möglichkeit mit Sprühstrahl niederschlagen und ggf. verdünnen.
- Mit zeitverzögerten Reaktionen und erneutem Brand auch nach mehreren Stunden rechnen.
- Bei Kühlung des Speichers in einem Behälter nur die erforderliche Menge Wasser einfüllen (Entsorgungskosten – Schadenminderung).

2.5.3.3 Maßnahmen bei technischen Defekten, mechanischer Beschädigung von Zellen

- Grundsätzliche Maßnahmen (2.5.3.1) beachten.
- Durch den Aufbau des Speichers kein verlässliches Wärmebild (WBK)!
- (Haut)Kontakt mit Löschwasser (Fluorwasserstoff) vermeiden.
- Austretender Elektrolyt mit Bindemittel aufnehmen. Hautkontakt vermeiden!
- Keine Zellen und Zellbestandteile ungeschützt berühren.
- Mit zeitverzögerten Reaktionen auch nach mehreren Stunden rechnen.
- Falls gefahrlos möglich, kann der Speicher demontiert und ins Freie gebracht werden (Elektrofachkraft hinzuziehen!).

2.5.3.4 Beendigung des Einsatzes

Da mit zeitverzögerten Reaktionen der Lithium-Ionen-Batterie zu rechnen ist, muss sichergestellt sein, dass adäquat reagiert werden kann und kein weiterer Schaden entsteht. Möglicherweise ist eine Brandwache zu stellen. Es ist anzuraten, dass die betroffenen Bereiche durch eine Elektrofachkraft spannungsfrei geschalten und entsprechend gesichert werden. Der Abtransport von beschädigten Batteriespeichern oder zerstörten Batteriemodulen darf nur durch Personen bzw. Firmen mit entsprechender Qualifikation durchgeführt werden. Dies ist keine Aufgabe der Feuerwehr.

Die Einsatzstelle ist nach Beendigung der Einsatzmaßnahmen an den Eigentümer, dessen Vertreter oder den Betreiber zu übergeben. Diese Übergabe sollte dokumentiert werden. Hierzu eignet sich die Dokumentation wie Abb. 41 (Dokumentation PV-Stromspeicher) oder, wenn nichts anderes zur Verfügung steht, kann hilfsweise das Übergabeprotokoll für Fahrzeuge mit alternativen Antrieben genutzt werden, vgl. Hellmann in: CIMOLINO, ELH, 2024, oder vfdb, 2023.

3 Windkraft

von F. BESCH und U. CIMOLINO

3.1 Aufbau/Technik/Historische Entwicklung

Abb. 63: Historische Windmühle. (Foto: Katja Besch, Völklingen)

Die Nutzung der Windenergie ist keinesfalls eine „neue" Technik. Sie wurde bereits im 12. Jahrhundert entwickelt und konsequent weiterentwickelt. Bis heute sind die in weiten Teilen Deutschlands noch erhaltenen Windmühlen dafür ein sichtbares Zeichen.

Windkraftanlagen in der heutigen Form – also zur Erzeugung elektrischer Energie – entstanden in den 1950er Jahren vor allem in Dänemark und den USA. In Deutschland konnte sich die Technik erst zu Beginn der 1990er Jahren durchsetzen.

Waren 1992 nur 1.211 Anlagen in Betrieb, so waren es Ende 2011 schon rund 22.000 Anlagen.[1] Für 2022 wurden an Land ca. 28.500 Anlagen registriert, bei steigender Tendenz.

Foto oben: © BARD Offshore

[1] Quelle: www.wind-energie.de

Diese Zahl wird in Zukunft sicher weiter steigen, zumal neue Anlagentypen (bzw. -höhen) in Verbindung mit den staatlichen Förderungen die Windkraft auch dort rentabel machen, wo es vor Jahren noch nicht der Fall war.

Die Frage lautet nicht, ob Sie sich in ihrem Ausrückebereich mit Windenergie beschäftigen müssen, die Frage lautet nur, wann das der Fall sein wird und wie gut Sie dann vorbereitet sind!

Immer noch scheint es keine offizielle Schadenstatistik zur Windenergie zu geben. Nach eigenen Recherchen hat sich die Anzahl der für die Feuerwehr relevanten Schadenlagen von ca. 10 Vorkommnissen pro Jahr zum Zeitpunkt der ersten Auflage auf aktuell ca. 17 erhöht, was aber immer noch keine Signifikanz für die Gefahrenabwehr darstellt.

Abb. 64: Bauteile einer Windenergieanlage. (Foto: Weege, BARD Offshore)

Wenn man versucht, die genaue Anzahl der Einsätze zu ermitteln, stellt die erste Hürde bereits die Frage, welche Ereignisse in die Statistik eingeschlossen werden sollen. Dazu kommt, dass es nicht alle Vorfälle in die Presse schaffen. Auch bei der Arbeit an dieser Auflage kam es deshalb zu einer kollegial geführten Diskussion. Die oben genannte Zahl von 17 Vorkommnissen im Jahr stellt dabei der Mittelwert auf Grundlage der Datenerfassung einer Bürgerinitiative[1] da. Die Autoren sind sich bewusst, dass es auch in diesem Kontext eine Dunkelziffer gibt.

Gerade weil Schadenslagen im Zusammenhang mit Windkraft so selten, aber in der Regel sehr aufwändig in der Abarbeitung sind, müssen sich die Feuerwehren darauf ausreichend vorbereiten und trainieren.

1 https://www.wattenrat.de/wp-content/uploads/2021/07/Unfallliste_WKA_immer_aktuell4.pdf

3.1.1 Aufbau

Windenergieanlagen (WEA) sind hochkomplexe Anlagen, bei denen es eine Vielzahl verschiedener Bauarten gibt.

Im Zusammenhang mit möglichen Feuerwehreinsätzen reicht jedoch eine grundlegende Betrachtung der Bauteile völlig aus.

3.1.1.1 Masten/Türme

Abb. 65: Windenergieanlage mit Gittermast. (Foto: Katja Besch, Völklingen)

Die Türme einer WEA sind in der Regel Röhren aus Stahl oder Beton bzw. als Hybridtürme aus beiden Werkstoffen. Ende 2023 wurde in Schweden der erste Prototyp eines Turms aus Holz mit einer Höhe von 105 m errichtet[1]. Ob sich die Technik in den nächsten Jahren durchsetzen wird und welche Auswirkungen sich für die Gefahrenabwehr ergeben, lässt sich noch nicht abschätzen.

Gittermasten wurden aus landschaftspflegerischen Gründen in der Vergangenheit eher selten verbaut. Mit immer weiter steigenden Nabenhöhen wird diese Art Türme in der Zukunft aber wieder häufiger verwendet.

Die Türme sind so ausgelegt, dass es auch bei einem Vollbrand nicht zu einem Versagen des Bauteils „Turm" kommt. Gleichwohl kann es zum Versagen von Konstruktionselementen der Gondel bzw. Rotorblätter kommen!

---

1 https://www.vdi-nachrichten.com/technik/energie/diese-vorteile-haben-windkraftanlagen-mit-tuermen-aus-holz/

Im Inneren der Türme sind Aufstiegsleitern verbaut, seltener Treppen. Ab einer bestimmten Höhe verfügen die Türme und Masten über Befahranlagen (vgl. Kapitel 3.1.1.5.4).

Während lange Zeit die durchschnittliche Höhe mit 50–85 m angegeben wurde, betrug die durchschnittliche Höhe zum Zeitpunkt der Drucklegung der ersten Auflage (2012) schon rund 100–140 m. Für 2022 wird die durchschnittliche Gesamthöhe mit 206 m und der durchschnittliche Rotordurchmesser mit 137 m angegeben. Es gibt seit ca. 2023 detaillierte Planungen für Höhenwindräder mit ca. 300 m Nabenhöhe (Gesamthöhe über Rotor dann 380 m!).

Zum Vergleich: der Kölner Dom hat eine Höhe von 158 m, die Hochhäuser der Skyline in Frankfurt am Main haben eine Höhe von 180–250 m.

Im Fußbereich des Turms kann sich auch ein Teil der Steuerungstechnik sowie die Transformatoren befinden.

Abb. 66 und 67: Türbereich einer WEA mit Lüftern der Klimaanlage (links) und Innenansicht eines Turmes (rechts). (Fotos: Weege, BARD Offshore)

3.1.1.2 Maschinenhaus

Das Maschinenhaus, oder auch Gondel genannt, nimmt die Rotorwelle, den Triebstrang, das Getriebe (sofern vorhanden) und den Generator auf. Auch ein Teil der Steuerungstechnik ist dort verbaut.

Zur Kühlung, Schmierung und für hydraulische Steueraufgaben sind im Maschinenhaus ca. 500 L – 1.000 L Öl gelagert.

Das Maschinenhaus besteht aus GFK oder Stahlblech. An der Außenhülle können Messgeräte, Hindernisbefeuerungen für Luftfahrzeuge, Stromzähleinrichtungen oder Mobilfunkantennen befestigt sein.

Um die Anlage in oder aus dem Wind (Stall-Steuerung mit Rotorverstellung) drehen zu können, sind WEA mit einer Nachführung ausgestattet. Dabei ist das Maschinenhaus auf dem oberen Mastende drehbar gelagert und wird mit Hilfe von Motoren in den Wind gedreht.

Abb. 68 und 69: Innenansicht eines Maschinenhauses (links). (Foto: Weege, BARD Offshore). Demontiertes Maschinenhaus, auf der Oberseite sind Windmessanlagen zu sehen. (Foto: FF Altenbeke, Höhenrettung)

Abb. 70: Oberseite eines Maschinenhauses der aktuellen Generation. (Foto: Gerseker, Bad Iburg)

Im Maschinenhaus sind unter Umständen kleine Kräne verbaut. Diese sind jedoch nicht für die Menschenrettung zugelassen.

3.1.1.3 Rotor

Der Rotor besteht aus einem oder mehreren Rotorblättern, die über eine Nabe miteinander verbunden sind.

Abb. 71: Rotorblätter in der Blattkontrolle. (Foto: Weege, BARD Offshore)

In Deutschland werden überwiegend WEA mit 3 Rotorblättern gebaut, da diese was Lärm und Schwingungen betrifft ein optimales Laufverhalten aufweisen. Sehr vereinzelt sind jedoch auch Anlagen mit einem oder 2 Rotorblättern anzutreffen.

Die einzelnen Rotorblätter werden in Verbundbauweise erstellt und bestehen aus CFK sowie anderen Stoffen, wie z.B. Balsaholz. Sie sind ähnlich wie Flugzeugflügel geformt und i.d.R. verstellbar, um im Wind einen optimalen Nutzen zu entwickeln und den Energieertrag des Rotors regeln zu können.

Die meisten Anlagen verfügen daher über eine sogenannte Pitch-Reglung. Dabei kann der Anstellwinkel der Rotorblätter mittels eines Stellmotors[1] so verstellt werden, dass für jede Windgeschwindigkeit der optimale Winkel erreicht wird. Die Pitch-Regelung stellt – wenn vorhanden – auch die Hauptbremse dar. Soll die Anlage außer Betrieb gesetzt werden, so werden die Rotorblätter in einen Winkel gefahren, in dem kein Antrieb mehr möglich ist.

Alternativ dazu ist die Stall-Steuerung. Hierbei sind die Rotorblätter so geformt, dass ab einer gewissen Geschwindigkeit die Strömung abreißt und kein Auftrieb mehr zu Stande kommt. Auf Grund der schlechten Regelbar-

[1] Ähnlich ist auch die Blattverstellung an Helikoptern aufgebaut.

keit und des meist niedrigeren Ertrags wird zunehmend auf Stall-Steuerungen verzichtet.

3.1.1.4 Schalthaus

Abb. 72: Transformator/Schalthaus im Bereich des Turmfußes. (Foto: Höhenrettung FF Altenbeken)

Im Schalthaus am Fuße des Turms befinden sich Umrichter und Transformatoren und die benötigte Mess- und Regeltechnik. Diese wandeln die erzeugte Energie so um, dass sie ins Netz eingespeist werden kann.

Je nach Bauart der WEA kann das Schalthaus entfallen. Die Transformatoren befinden sich dann im Fußbereich des Turms oder im Maschinenhaus.

3.1.1.5 Sicherheitsrelevante Bauteile

Nicht alle WEA verfügen über alle hier genannten sicherheitsrelevanten Bauteile.

Dies kann sowohl von der Höhe als auch vom Alter der Anlage abhängen.

Setzen Sie sich deshalb mit dem für Sie zuständigen Betreiber in Kontakt und erfassen Sie die für Sie relevanten Daten!

Not-Aus-Schalter

Der Not-Aus-Schalter setzt alle beweglichen Teile der WEA fest. Die WEA kann dann keine Energie mehr liefern.

Darüber hinaus werden in der WEA einige nicht sicherheitsrelevante Spannungsebenen weggeschaltet.

Sofern möglich, ist bei allen Einsätzen in der WEA der Not-Aus-Schalter zeitnah zu betätigen!

Abb. 73: Not-Aus-Schalter in einer WEA. (Foto: Köppelmann, Bildagentur Sportpictures)

Löschanlagen

In immer mehr WEA werden automatische Löschanlagen verbaut. Während vor allem Getriebe mittels Schaumanlagen geschützt werden, sichert man Schaltschränke durch Inertgas[1] ab. Den Monteuren stehen zusätzlich Handfeuerlöscher zur Verfügung.

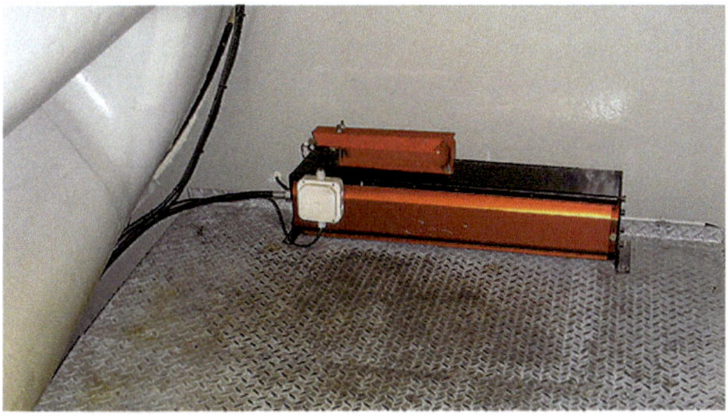

Abb. 74 und 75: Schaumlöschanlage (links) und Inertgaslöschanlage (rechts). (Fotos: Weege, BARD Offshore)

Brandmeldeanlagen

Sind WEA mittels BMA abgesichert, so laufen die Anlagen meist erst beim Betreiber auf, der dann die Feuerwehr verständigt.

> Grundsätzlich sollten die Feuerwehren darauf drängen, dass Anlagen zur Brandfrüherkennung mindestens in der Gondel, besser in allen relevanten Elementen verbaut werden. Eine erfolgreiche Brandbekämpfung ist nur bei sehr früher Detektion vielleicht noch möglich!

1 Z.B. Inergen, ein Löschmittelgemisch aus 52 % Stickstoff, 40 % Argon und 8 % Kohlendioxid.

Befahranlagen

Abb. 76: Befahranlage. (Foto: Weege, BARD Offshore)

In der Regel werden bei Windenergieanlagen über 100 m Nabenhöhe Befahranlagen verbaut. Dies dient der Unfallverhütung und soll die Monteure entlasten. Dabei handelt es sich um Kabinen, die ungefähr die Größe von Telefonzellen aufweisen.

Bei Einsätzen mit verletzten Monteuren (vgl. Kap. 3.4.4.1) kann die Befahranlage – je nach Verletzungsbild – eine Alternative zur Rettung durch eine Höhenrettungsgruppe darstellen! Kenntnisse der Höhensicherung sollten aber in jedem Fall vorhanden sein, vgl. WERFT, 2009.

Kommunikationseinrichtungen

Alle WEA verfügen über die Möglichkeit, vom Turmfuß aus Kontakt mit der Gondel aufzunehmen. Das kann über Funkgeräte, Telefone oder eine Gegensprechanlage realisiert sein.

Abb. 77: Telefon in einem Maschinenhaus. (Foto: Wolf, Bad Hersfeld)

Bremsen

Jede WEA verfügt über 3 voneinander unabhängige Bremssysteme. Meist handelt es sich um eine hydraulische Scheibenbremse im Bereich des Generators sowie eine aerodynamische Bremse und eine hydraulische Bremse am Übergang zwischen Turm und Maschinenhaus. Sie hält die Gondel in Position.

Bei Pitch-gesteuerten Anlagen werden die Rotorenblätter so gedreht, dass kein Antrieb mehr zu Stande kommt.

3.1.2 Funktionsweise

Durch den Antrieb des Windes beginnt der Rotor sich zu drehen. Dadurch läuft die Welle mit und erregt den Generator.

Der Generator erzeugt elektrische Energie, die über Umrichter und Transformatoren so gewandelt wird, dass sie ins öffentliche Netz eingespeist werden kann.

3.2 Gefahren der Einsatzstelle

Welche Gefahren sind erkannt?												
durch Gefahren für	Absturz	Angst-reaktionen	Atemgifte	Atomare Gefahren	Ausbreitung	Biologische Gefahren	Chemische Gefahren	Einsturz	Elektrizität	Erkrankung/ Verletzung	Ertrinken/ Wassergefahr	Explosion
	A	A	A	A	A	B	C	E	E	E	E	E
Welche Gefahren müssen bekämpft werden?												
Menschen	X				X			X	X			
Tiere					X			X				
Umwelt					X							
Sachwerte	X				X			X				
Mannschaft	X				X			X	X			
Gerät	X				X			X				

Tabelle 2: Gefahrenmatrix Windenergieanlage. (Tabelle: Besch, Völklingen)

3.2.1 Absturz

Windenergieanlagen sind grundsätzlich als absturzgefährdete Bereiche zu betrachten.

Dies beginnt bereits mit dem Aufstieg in das Maschinenhaus, sofern keine Befahranlage vorhanden ist.

Greifen Sie auf entsprechend ausgebildetes, taugliches und ausgerüstetes Personal zurück.
Dies gilt unter Umständen auch für das Personal des Rettungsdienstes!

Abb. 78: Auch Rettungsdienstpersonal muss gegen Absturz gesichert werden. (Foto: Höhenrettung FF Altenbeken)

3.2.2 Atemgifte

Beim Brand einer Windkraftanlage entstehen die üblichen Atemgifte, die beim Abbrand von Kunststoffen, Ölen etc. immer entstehen.

Im direkten Umfeld stellen diese aufgrund der großen Höhe und des Abstands i.d.R. zwar keine echte Gefahr dar.

Trotzdem sollten Hinweise an die Bevölkerung gehen, die Fenster und Türen wegen der Geruchsbelästigung zu verschließen und Messungen durchgeführt werden.

Problematisch sind aber die Rotorblätter aus kohlenstoffverstärkten Faserverbundwerkstoffen (CFK) = „Fiese Fasern", vgl. CIMOLINO, ELH, 2024. Diese Fasern sind so klein, dass sie in der Lage sind, tief in die Lunge einzudringen. Dort können zum einen Sofortreaktionen wie Reizungen von Haut und Lunge entstehen, aber auch Jahre nach einer Aufnahme noch Schäden an der Lunge bis hin zu einem signifikant gestiegenen Risiko für Bronchialtumore.

Diese Langzeitwirkung ist mit der von Asbest-Fasern vergleichbar.

Solange die Rotorblätter keiner thermischen Belastung ausgesetzt sind, besteht auch keine Gefahr. Nur wenn der Werkstoff für mindestens 5 Minuten einer Temperatur über 650 °C ausgesetzt war, kommt es zur Freisetzung von Fasern. Die Gefahr bleibt dabei bestehen, wenn der Brand erloschen ist (kalte Brandstelle).

Abgestürzte, ausgebrannte Rotorblätter müssen im Umkreis von 50 m abgesperrt werden und sollten – sofern möglich – nur aus der Entfernung heraus gelöscht werden. Dabei ist immer von der Umluft unabhängiger Atemschutz zu tragen.

Das Hygiene- und Dekontaminationskonzept ist entsprechend anzupassen.

Jeder Einsatz mit brennenden CFK-Werkstoffen ist IMMER ein Gefahrguteinsatz!

Müssen im Rahmen der technischen Hilfeleistung Bauteile aus CFK getrennt werden – was durch die Feuerwehr die absolute Ausnahme sein sollte –, so sind möglichst Verfahren ohne Temperaturentwicklung zu verwenden bzw. sollten Schnitte mit dem Trennschleifer ausreichend gekühlt werden.

3.2.3 Ausbreitung

Die Gefahr der Ausbreitung besteht insbesondere durch herabfallende Trümmer, die unter Umständen noch brennen. Drehen sich die Rotoren noch, kann es zum Wegschleudern von Teilen derselben bis zu mehreren hundert Meter kommen, wenn diese durch mechanische Einwirkung, Sturm oder Brand beschädigt werden.

In Windparks kann es so zu fatalen Kettenreaktionen kommen.

Abb. 79: Herunterfallende Trümmer bei Nacht. (Foto: Weege, Norden)

Erschwert wird dies durch die Tatsache, dass auf das Schadensereignis selbst kein Einfluss genommen werden kann, außer der Einrichtung eines möglichst großen Sicherheitsabstandes (vgl. Kapitel 3.4.1).

Durch zerstörte Rotorblätter kann es auch zur Kontamination bzw. Beaufschlagung der umliegenden Flächen durch Glasfaserteile in mehreren 100 m Umkreis kommen. Hier ist ggf. auch die zuständige Umweltbehörde sowie Landwirtschaft (Feldfruchtanbau, Weidewirtschaft) zu informieren.

3.2.4 Einsturz

Neben den möglichen Folgen eines Brandereignisses gibt es 2 weitere Phänomene, die zum Einsturz einer Windenergieanlage führen können.

3.2.4.1 Fliehkraftzerknall

Der Fliehkraftzerknall liegt ursächlich meist an einem Ausfall der Steuerungs- bzw. Bremssysteme. Dadurch gerät die Windenergieanlage außer Kontrolle und dreht sich so schnell, dass die auftretenden Fliehkräfte die Anlage zerstören.[1]

3.2.4.2 Spontanes Bauwerks-/-teilversagen

Unter spontanem Versagen versteht man den Einsturz (von Teilen) der Anlage im Normalbetrieb ohne erkennbare Ursache. Meistens handelt es sich dabei um einen Konstruktionsfehler. Häufig betroffen sind hier die Rotorblätter, von denen sich auch Teile lösen können.

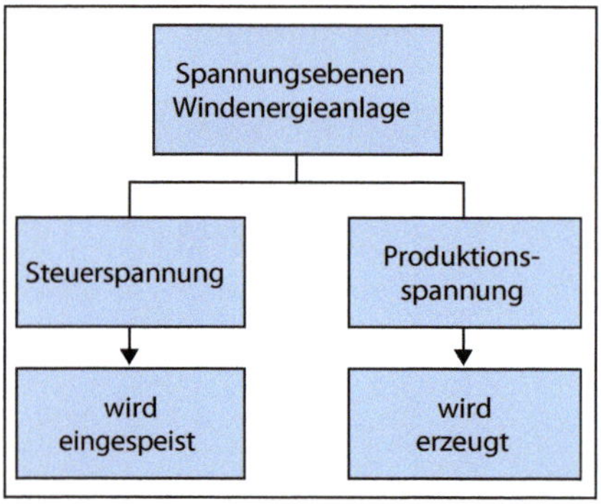

Abb. 80: Spannungsebenen in einer Windenergieanlage. (Grafik: Besch, Völklingen)

3.2.5 Elektrizität

In einer Windenergieanlage gibt es zwei Energieebenen.

Zum einen die Produktionsspannung, zum anderen die Steuerspannung.

[1] Unter http://www.spiegel.de/video/video-33749.html oder über den abgebildeten QR-Code ist ein Video zu finden, welches den Fliehkraftzerknall zeigt.

3.2.5.1 Produktionsspannung

Moderne Windenergieanlagen liefern zwischen 3 und 5 MW elektrischer Energie. Dabei wird vom Generator in der Regel eine Spannung von 600–800 V erzeugt. Diese Spannung wird dann vor der Einspeisung in das Netz auf 10–30 kV hochtransformiert.

Einige Anlagen arbeiten jedoch auch im Generatorbereich 10 kV und fallen somit in den Einsatzbereich „Hochspannung".

Da auf den ersten Blick nicht zu erkennen ist, mit welcher Spannung gearbeitet wird, gelten WEA bis zur eindeutigen Klärung als Hochspannungsanlagen!

3.2.5.2 Steuerspannung

In Windenergieanlagen wird von außen eine Steuerspannung im Niederspannungsbereich eingespeist. Dies dient unter anderen dazu, die Anlage nach einer Windstille wieder so ausrichten zu können, dass sie wieder anlaufen kann.

Darüber hinaus werden über die Steuerspannung sicherheitsrelevante Anlagenteile versorgt (vgl. Kap. 3.1.1.5).

Die Steuerspannung ist auch dann noch teilweise vorhanden, wenn die Anlage mittels Not-Aus abgeschaltet wird und kann endgültig nur über die Leitstelle des Betreibers abgeschaltet werden!
Halten Sie deshalb die aktuellen Telefonnummern der Betreiber vor!

3.2.6 Erkrankung/Verletzung

Durch Zerstörung der Rotorblätter kann es zur Verbreitung von Splittern in der weiteren Umgebung (bis mehrere hundert Meter[1]) kommen. Dies kann in der Folge zu Verletzungen insbesondere bei Tieren (Grünfutter, aber auch Hunde o.ä.) führen.

---

1 Am 08.03.2018 bei Harchen (Kreis Paderborn) kontaminierte ein zerstörtes Windrad eine Fläche von mehr als 800 m Durchmesser mit Glasfasersplittern, was zu wochenlangen Ausfällen der Flächen für die Landwirtschaft und Folgediskussionen mit dem Betreiber führte, vgl. ALTHOFF, 2018.

3.3 Einsatzvorbereitung

3.3.1 Einsatzunterlagen

Sowohl für einzelne Windenergieanlagen als auch für Windparks sollten bereits in der Planungsphase Feuerwehrpläne in Anlehnung an die DIN 14095 vom Betreiber gefordert werden.

Darüber hinaus haben Windenergieanlagen aus Sicht der Feuerwehr zwei gravierende Nachteile, wenn es um das Auffinden der richtigen Anlage geht. Sie stehen meist weit entfernt von Bezugspunkten wie Hausnummern oder Kreuzungen und sehen sich oft sehr ähnlich. Erschwerend kann es vorkommen, dass es in einem Windpark unterschiedliche Betreiber und somit unterschiedliche Ansprechpartner gibt.

Um bei Schadenslagen oder auch Beschwerden über Lärm u.ä. WEA eindeutig identifizieren zu können, wurde 2003 das Informationssystem WEA-NIS vom AKSIWE[1] ins Leben gerufen.

Kernstück ist dabei eine über der Tür (Abb. 81) fest angebrachte Kombination von Buchstaben und Zahlen, mit der jede WEA eindeutig identifiziert werden kann.

Mittels der Kennung können über das Internetportal www.wea-nis.de Daten über die entsprechende Anlage abgerufen werden wie z.B.

- Gemeinde
- Art der Anlage
- Standort der Anlage (UTM)
- Höhe der Narbe
- Leistung der Anlage
- eine Lagekarte
- der Rotordurchmesser

uvm.

Für einen berechtigten Personenkreis stehen darüber hinaus erweiterte Daten im Rahmen des sogenannten Leitstellen-Log-In zur Verfügung.

Stellen Sie sicher, dass die WEA in Ihrem Gebiet erfasst sind.

[1] Arbeitskreis für Sicherheit in der Windenergie, ein Zusammenschluss von Herstellern, Betreibern und Dienstleistern. Dieser ist in der Zwischenzeit im Verband deutscher Sicherheitsingenieure (VDSI) aufgegangen.

Fordern Sie als Feuerwehr bereits in der Planungsphase die Aufnahme der Anlagen ins WEA-NIS.

Abb. 81: Kennzeichnung nach WEA-NIS. (Foto: Feuerwehr Leopoldshöhe)

Falls die Anlagen nicht in WEA-NIS aufgenommen sind, sollten Sie eine ähnliche Datensammlung selbst erstellen. Ergänzen Sie diese Angaben mit Daten über die sicherheitsrelevanten Bauteile der Anlagen (vgl. Kapitel 3.1.1.5).

Verteilen Sie die Informationen an alle Feuerwehren und Einrichtungen, die in Ihre Einsatzplanungen involviert sind!

3.3.2 Sperrpläne

Einsätze an Windenergieanlagen erfordern zu Beginn des Einsatzes einen Absperrradius von mindestens 500 m. Anlagen mit sehr großen Höhen oder in höheren Lagen mit umgebenden Tälern können insbesondere in Windrichtung einen deutlich größeren Sicherheitsabstand erfordern!

Um nicht erst im Einsatzfall messen oder schätzen zu müssen, sollten Sie die Absperrgrenzen bereits im Vorfeld erkunden, festlegen und ggf. markieren.

Somit ist auch der Personalaufwand für die Sperrungen bereits im Vorfeld ersichtlich.

Bedenken Sie, dass die Anfahrt zu den Sperrpunkten unter Umständen nicht auf dem direkten Weg möglich ist.

Nutzen Sie bauliche Gegebenheiten aus, um die Sperrungen einfacher zu gestalten. So kann es Sinn machen, für den ganzen Windpark die zentralen Zufahrten zu sperren oder eine Sperre 100 m weiter nach hinten an eine Gabelung zu legen.

Bedenken Sie auch die Kommunikation mit den Sperrposten insbesondere dann, wenn die Absperrung erweitert oder reduziert werden soll.

Richten Sie direkt einen Einsatzabschnitt „Absperrung" ein und weisen Sie diesem einen eigenen Kanal bzw. Rufgruppe zu. Jeder Absperrposten muss per Funk erreichbar sein!

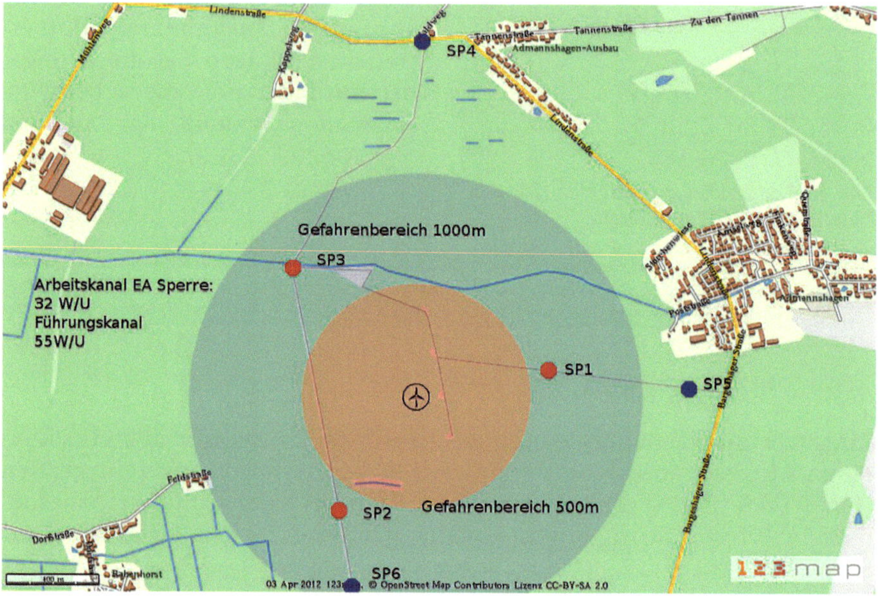

Abb. 82: Mustersperrplan. (Grafik: Besch, Völklingen/123map)

Mit fortschreitendem Ausbau der Windenergie unter Ausnutzung landwirtschaftlicher Flächen ist es mittlerweile normal geworden, Windenergieanlagen in unmittelbarer Nähe von Bundesautobahnen, Gleisen und Wasserstraßen zu bauen. Auch diese müssen im Falle eines Zwischenfalls unverzüglich und konsequent gesperrt werden, zumindest bis das Schadensausmaß bzw. der Gefahrenbereich klarer absehbar ist.

3.3.3 Löschwasserversorgung

Probleme mit der Löschwasserversorgung treten dann auf, wenn sich die Windenergieanlagen weit ab von Löschwasserentnahmevorrichtungen befinden.

Erschwerend kommt dazu, dass es durch die Absperrungen zu Umwegen sowohl bei der Wasserversorgung über lange Wegestrecken als auch beim Pendelverkehr mittels TLF kommen kann.

Planen Sie deshalb immer eine redundante Versorgung (Löschwassertransport mit (Groß-)Tanklöschfahrzeugen und Löschwasserversorgung mit Schläuchen[1]) ein, insbesondere unter Berücksichtigung der Sperrpläne.

In Hessen kann es bei einer besonderen Gefahrenlage Auflage sein, vor Ort einen ausreichenden Löschwasservorrat z.B. in der Form unterirdischer Zisternen sicherzustellen (vgl. Regierungspräsidium Darmstadt, 2020).

3.3.4 Zusammenarbeit mit Spezialisten

Einsatzlagen an Windenergieanlagen erfordern meistens neben klassischen Feuerwehreinheiten auch spezialisierte Kräfte.

3.3.4.1 Höhenrettungseinheiten

Bei Windenergieanlagen ohne Befahreinrichtungen ist die Rettung eines schwer verletzten oder erkrankten Monteurs i.d.R. nur mit Hilfe einer Höhenrettungseinheit[2] möglich.

> Der Gerätesatz Absturzsicherung (DIN 14800-17) und die zugehörige Ausbildung können eine Höhenrettungseinheit nicht ersetzen!

Neben den klassischen Höhenrettungseinheiten der kommunalen Feuerwehren verfügen auch größere Industriebetriebe, die Hilfsorganisationen oder das THW[3] z.T. in Kooperationen über solche Einheiten.

Sowohl Landes- und Bundespolizei halten in technischen Einsatzeinheiten auf Retten aus Höhen spezialisierte Beamte vor. Jedoch sind diese Einheiten meist für ein sehr großes Einzugsgebiet zuständig und nicht rund um die Uhr zu erreichen.

1 Vgl. hierzu die Vorschläge im Fähigkeitsmanagement, welche über obenstehenden QR-Code als PDF downloadbar sind.
2 Ausgebildet und ausgerüstet nach Basiskurs „spezieller Retter“ / EUSAR.org.
3 Z.B. JUH Weser – Ems; DLRG Bebra; ASB Mainz – Bingen; THV OV Bendorf.

Abb. 83 und 84: Schon der Unterschied in der Ausstattung eines Höhenretters zu FA mit Absturzsicherungsgurt ist klar zu erkennen. (Fotos: Höhenrettung Feuerwehr Altenbeken)

Abb. 85: Geräteablage einer Höhenrettungsgruppe. (Foto: FF Altenbeke, Höhenrettung)

Unter www.hoehenretter-online.de und im Einsatzleiterhandbuch, CIMOLINO, 2024, finden Sie eine Übersicht über die meisten Höhenrettungsgruppen in Deutschland.

Nehmen Sie Kontakt zu den für Sie in Frage kommenden Einheiten auf und klären Sie Detailfragen für den gemeinsamen Einsatz. Üben Sie auch die Zusammenarbeit. Oft fallen Friktionen erst vor Ort auf.

Seien Sie vorbereitet und gehen Sie im voraus entsprechende Szenarien, Einheiten- und Alarmierungswege gedanklich durch.

Da die Einheiten meist keine tiefere Ortskenntnis haben, geben Sie bei der Alarmierung möglichst genau den Standort mit an (UTMREF oder WEA-NIS). Planen Sie zusätzlich Einweiser bzw. Lotsen mit ein.

Bei Alarmierung ist dem Einheitenführer der Höhenrettung eine Handynummer mitzuteilen, um direkten Kontakt zur Einsatzleitung vor Ort aufnehmen zu können.

3.3.4.2 Luftfahrzeuge = Hubschrauber

Grundsätzlich wäre es möglich, mittels Hubschraubern Personal und Material in das Maschinenhaus zu verbringen und von dort den Patienten wieder mittels Winde zu retten.

In der Praxis wird das aber je nach Hubschrauber und dessen Ausstattung (z.B. Seilwinde) und dem Können der Besatzung u.U. durch den Down Wash, d.h. die nach unten gerichtete Luftströmung des Hauptrotors, so erschwert, dass anderen Rettungsmethoden der Vorrang zu geben ist.

Wenn unter bestimmten Umständen der Zustand des Patienten es nicht zulässt, auf eine Höhenrettungsgruppe zu warten, kann die Rettung per Hubschrauber eine Option sein.

Besprechen Sie als Einsatzleiter den Hubschraubereinsatz immer mit Notarzt und Piloten!

Wenn der Hubschrauber nicht direkt landen kann, richten Sie einen Abholservice für die Besatzung ein. Für das richtige Vorgehen bei der Zusammenarbeit mit Hubschraubern beachte CIMOLINO, EINSATZLEITERHANDBUCH, 2024.

Abb. 86: Hubschrauber können bei Windenergieanlagen nur begrenzt eingesetzt werden. (Foto: Köppelmann, Bildagentur Sportpictures)

3.3.4.3 Mobilkrane

Geeignete Mobilkrane können verwendet werden, um lose Bauteile zu sichern oder Personen über spezielle Arbeitskörbe zu retten.

Abb. 87: Rettungskorb im AB-Kranzubehör der Feuerwehr Düsseldorf. (Foto: Jürgen Truckenmüller, Düsseldorf)

Es ist zu beachten, dass

- für das Gelände bzw. die Zufahrt geeignete, ausreichend hohe Kräne unter Umständen weiter entfernt sind,
- Kräne nicht von jedem Anbieter rund um die Uhr verfügbar sind,
- je nach erforderlicher Arbeitshöhe/Ausladung/Belastung Zusatzgewichte erforderlich sind. Diese werden meist auf einem eigenen Tieflader mitgeführt und müssen vor Beginn der Arbeiten am Kran montiert werden, wofür u.U. ein Hilfskran notwendig ist.
- diese Fahrzeuge die schmalen Zufahrten zu den abgelegenen WEA nicht immer direkt befahren können – und Raupenkräne noch seltener sind.
- der Aufbau des Krans mehrere Stunden in Anspruch nehmen kann.

Der Einsatz von Mobilkranen durch die Feuerwehr wird sich i.d.R. auf die unmittelbare Bauphase beschränken!

Abb. 88: Bereits der Aufbau solch eines großen Raupenkranes dauert unter Umständen mehr als einen Tag. (Foto: Höhenrettung FF Altenbeke)

Die Anforderung bzw. der erfolgreiche Einsatz von Mobilkränen der Feuerwehr oder von Dienstleistern ist schon wegen der Höhe der weitaus meisten WEA und der nötigen Rüstzeiten unwahrscheinlich. Trotzdem sollten Kontaktdaten entsprechender Anbieter vorgehalten werden, um die Anforderung durch Dritte zu beschleunigen.

3.3.5 Lageerkundung

Grundlage für das Handeln der Feuerwehr ist immer die Lageerkundung. Bei Einsätzen mit WEA jedoch kann das Schadensobjekt und die Umgebung auf Grund der Absperrgrenzen nicht einfach so in Augenschein genommen werden. Leistungsstarke Ferngläser leisten auch hier gute Dienste, sie sollten daher mindestens zur Beladung von ELW 1 gehören.

Auch der Einsatz von unbemannten Luftfahrzeugen (Drohnen) ermöglicht es der Einsatzleitung, die Situation aus der Nähe beurteilen zu können. Es sollte hier v.a. auf eine Drohneneinheit der Gefahrenabwehr oder eines kommerziellen Anbieters zurückgegriffen werden. Die dort vorgehaltenen ULF sind deutlich leistungsfähiger und z.T. auch mit Wärmebildkameras ausgestattet. Eine direkte Datenübertragungsmöglichkeit in den ELW 1 bzw. zum Einsatzleiter ist hilfreich.

Abb. 89 bis 91: Aufnahmen eines ausgebrannten Maschinenhauses als Normalbild, Wärmebild und bearbeitetem Wärmebild, aufgenommen mit einer Drohne. (Fotos: Gerseker, Bad Iburg)

Abb. 92: Drohne DJI Matrice 30 T, ausgestattet mit einer Wärmebildkamera. (Foto: Gerseker, Bad Iburg)

3.4 Taktik

3.4.1 Absperrgrenzen

Bei Einsätzen an Windkraftanlagen muss der Sicherheitsabstand in der Anfangsphase grundsätzlich mindestens 500 m betragen.

Bei Brandeinsätzen mit starkem Wind kann sich der Sicherheitsabstand in Windrichtung ggf. verdoppeln!

Anlagen mit sehr großen Höhen, oder in höheren Lagen mit umgebenden Tälern, können einen deutlich größeren Sicherheitsabstand erfordern!

Reduziert werden sollte der Sicherheitsabstand nur nach Rücksprache mit Verantwortlichen des Betreibers.

Fallen Verkehrswege wie z.B. Autobahnen oder Eisenbahnlinien in den Sicherheitsbereich, so sind auch diese zu sperren.

Richten Sie direkt einen Einsatzabschnitt „Absperrung" ein und weisen Sie diesem einen eigenen Kanal oder eine eigene Rufgruppe zu. Jeder Absperrposten muss per Funk erreichbar sein!

Denken Sie auch daran, die Absperrposten je nach Witterung rechtzeitig abzulösen und zu versorgen.

3.4.2 Pressearbeit

Brennende Windenergieanlagen ziehen schnell die Aufmerksamkeit der Öffentlichkeit und somit der Presse an. Weil die Einsatzstellen gut sichtbar sind und sich die Einsätze sehr zeitintensiv gestalten, werden sich Pressevertreter i.d.R. recht schnell an der Einsatzstelle einfinden.

Die Frage wird nicht sein, ob die Presse kommt, sondern wann. Seien Sie vorbereitet und installieren Sie frühzeitig einen Ansprechpartner bzw. eine Anlaufstelle für die Presse (= Aufgabe des Pressesprechers).

Dazu kommen sogenannte „Leserreporter", die mittels Smartphones Bilder und Filme direkt an verschiedene Redaktionen liefern.

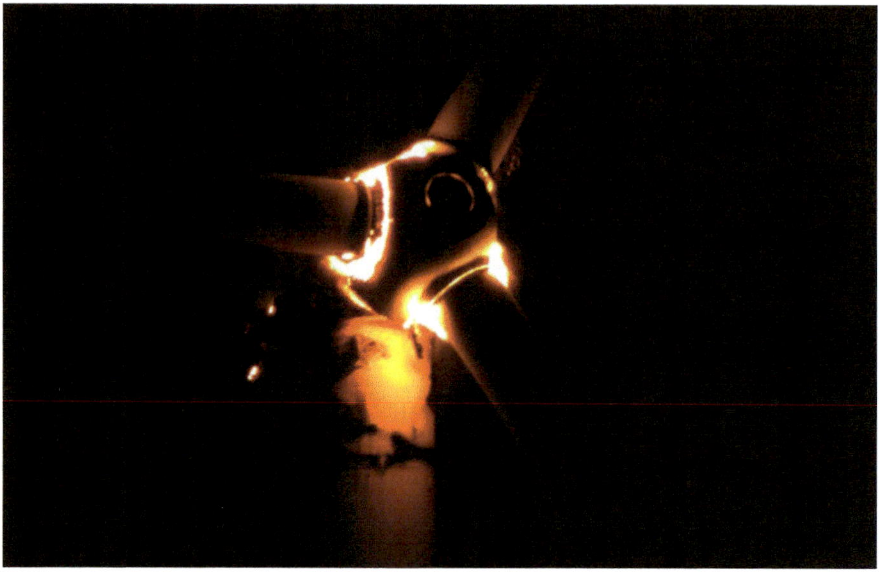

Abb. 93: Bei solchen Bildern wird die Presse auf jeden Fall an der EST erscheinen. (Foto: FF Wegberg)

Treffen Sie für Ihre Feuerwehrangehörigen klare Regelungen, die die Mitarbeit als „Leserreporter" oder das unbefugte Veröffentlichen auf eigenen Social-Media-Kanälen o.ä. ausschließen! Verweisen Sie auf entsprechende Regelungen zur Verschwiegenheit!

Da Brände im Maschinenhaus nicht bekämpft werden können, werden – ungeachtet der Hintergründe – immer wieder Pressemeldungen auftauchen, wie „Feuerwehr machtlos – Leitern zu kurz“ oder „Feuerwehr musste Windrad abbrennen lassen“.

Hier ist es wichtig eine offensive Pressearbeit durchzuführen.

Erklären Sie der Presse:

- Was Sie machen, auch wenn es so aussieht, dass Sie nichts machen (Absperrung, Bereitschaft).
- Warum Sie nichts Weiteres machen können.

Vermeiden Sie Bildeinstellungen, in dem mehrere FA offensichtlich nichts zu tun haben. Verlegen Sie diese FA ggf. in einen weiter entfernten Bereitstellungsraum. Genauso sollten Sie sich davor hüten, „Verzweiflungs- oder Pressemaßnahmen" zu ergreifen, nur damit es so aussieht, als ob Sie etwas getan haben.

Steht kein qualifizierter Pressesprecher vor Ort zur Verfügung, so sollte eine vorgefertigte Pressemitteilung verteilt und auf ein weiteres Statement zu einem späteren Zeitpunkt verwiesen werden.

3.4.3 Brandeinsätze

Brandeinsätze an Windenergieanlagen lassen sich auf Grund der Bauweise in die drei Abschnitte „Gondel", „Turm" und „Übergabestation" einteilen. In Abhängigkeit dazu ist die Vorgehensweise anzupassen.

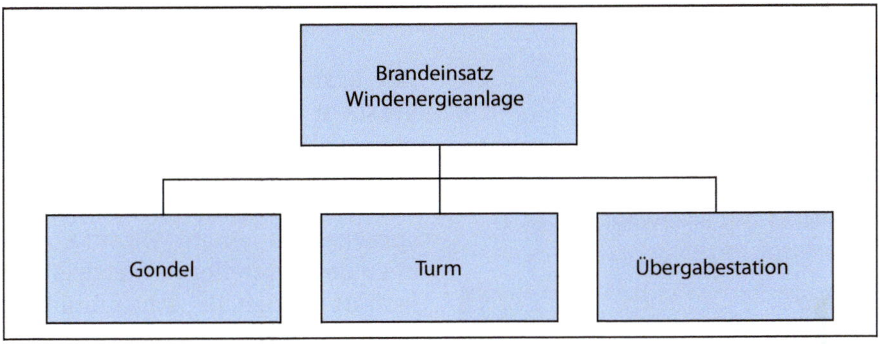

Abb. 94: Übersicht Brandeinsätze Windenergieanlage. (Grafik: Besch, Völklingen)

3.4.3.1 Brandeinsätze in der Gondel

Kommt es in der Gondel einer Windkraftanlage zu einem Brand, z.B. in Folge eines Blitzschlages oder eines technischen Defekts, so ist in der Regel ein Totalschaden der Anlage die Folge.

Dies liegt unter anderem an folgenden Gründen:

- Die erforderliche Einsatzhöhe beträgt in der Regel deutlich mehr als 30 m. Das Heranführen und der Aufbau geeigneter Hubarbeitsgeräte dauert viel zu lange.
- Der zur Brandbekämpfung erforderliche Wasserdruck würde Ausgangsdrücke von weit über 10 bar erfordern. Verstärkerpumpen der Feuerwehr können im Turm i.d.R. nicht eingesetzt werden.

Abb. 95: Ausgebrannte Windenergieanlage. (Foto: Weege, Norden)

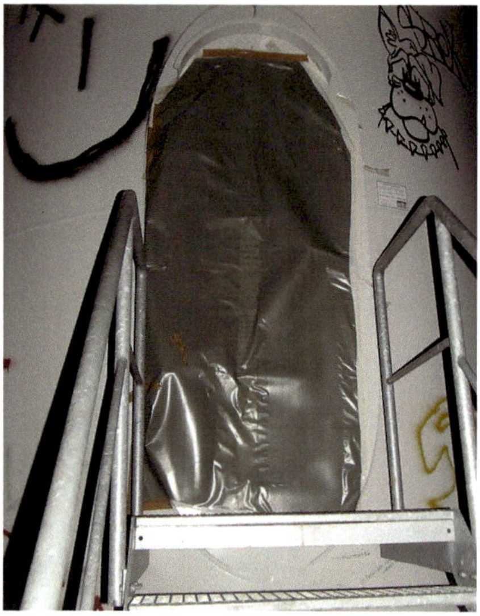

Auf Grund der Gefahren durch herabfallende Teile sollte der Sicherheitsabstand ggf. erhöht werden (vgl. Kap. 3.4.1)

Gerade in der trockenen Jahreszeit müssen Sie zusätzlich Maßnahmen treffen, um durch herabfallende brennende Teile entstehende Flächenbrände an der Grenze des Gefahrenbereiches bekämpfen zu können.

3.4.3.2 Brandeinsätze im Rohrturm

Bei Bränden im Rohrturm kann versucht werden, diesen gasdicht abzuschließen und damit das Feuer zu ersticken. Zusätzlich kann je nach Lage – aber nur nach Rücksprache mit einem Verantwortlichen des Herstellers – Inertgas eingeführt werden. Bei Schwelbränden erleichtern Wärmebildkameras die Arbeit deutlich!

> Bedenken Sie im Falle einer Inertisierung, dass eine größere Menge an Inertgas und das nötige Zubehör benötigt wird. Vgl. CIMOLINO, Einsatzleiterhandbuch, 2024.
> Je nach Lage der Windkraftanlage kann sich die Anfahrt für Lieferfahrzeuge deutlich erschweren.

Abb. 96: Abgedichtete Tür einer WEA, in deren Turmbereich ein Schmorbrand aufgetreten war. (Foto: Feuerwehr Leopoldshöhe, vgl. FEUERWEHRLEBEN, 2010)

3.4.3.3 Brände in der Übergabestation

Brände in der Übergabestation können konventionell unter Beachtung der DIN VDE 0132 „Brandbekämpfung im Bereich elektrischen Anlagen“ bekämpft werden. Unter Umständen sollte die Bereitstellung größerer Mengen an Sonderlöschmittel bereits im Alarmplan hinterlegt werden.

3.4.3.4 Vegetationsbrände in der Nähe von WEA

Immer mehr Windenergieanlagen werden in dichte Vegetation, auch mitten in Wälder, gebaut, vgl. Kap. 3.5.4. Letztere sind von Feuer und Rauch bei Bränden dort gefährdet.

Soweit möglich, sollten die Feuer daher schnell und intensiv so bekämpft werden, dass die WEA nicht davon betroffen wird.

Sollte die Anlage oder ein ganzer Windpark davon betroffen sein, wie es 2022 z.B. in Brandenburg mehrfach der Fall war, dann sollte die Feuerwehr die Betreiber der Anlagen ebenfalls informieren. Dies gilt auch dann, wenn die Anlagen nicht unmittelbar vom Brand betroffen waren, sondern „nur“ im Rauch standen. Ggf. sind dann nämlich Reinigungsmaßnahmen nötig, um Folgeschäden zu verhindern.

3.4.4 Hilfeleistungen

Hilfeleistungen an Windenergieanlagen lassen sich in die Einsatzstichworte „verletzter Monteur“, „Fliehkraftzerknall – spontanes Bauwerksversagen“ und „Eiswurf – herabfallende Bauteile“ unterscheiden.

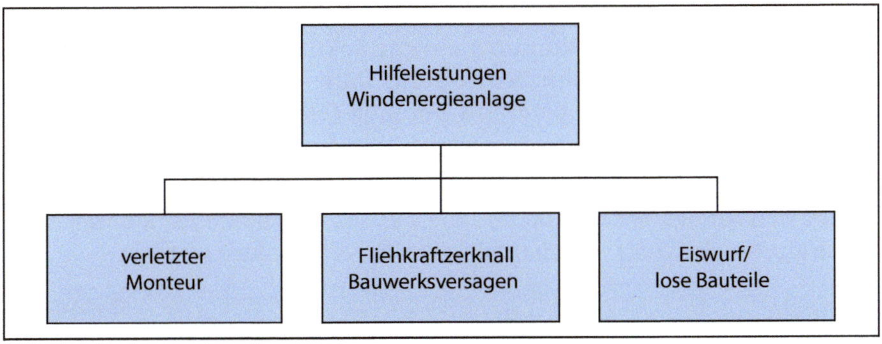

Abb. 97: Übersicht Hilfeleistungen WEA. (Grafik: Besch, Völklingen)

3.4.4.1 Einsätze mit verletzten Monteuren

Kommt es bei Arbeiten in der WEA dazu, dass sich ein Monteur nur leicht verletzt, ist das Personal in der Lage, sich selbst mit Rettungsgeräten abzulassen. Alternativ wird – sofern vorhanden – die Befahranlage genutzt.

In dem Fall besteht die Aufgabe für die Feuerwehr nur darin, den Rettungsdienst einzuweisen und bei Bedarf (z.B. Tragehilfe) zu unterstützen.

Ist jedoch der Monteur so stark verletzt oder erkrankt, dass nur eine liegende Rettung in Frage kommt, so kann diese nur durch speziell ausgebildete Höhenrettungsgruppen erfolgen.

Da dies in der Regel einen komplexen Einsatz zur Folge hat, sollte die Einsatzlage im Vorfeld gemeinsam geübt werden.

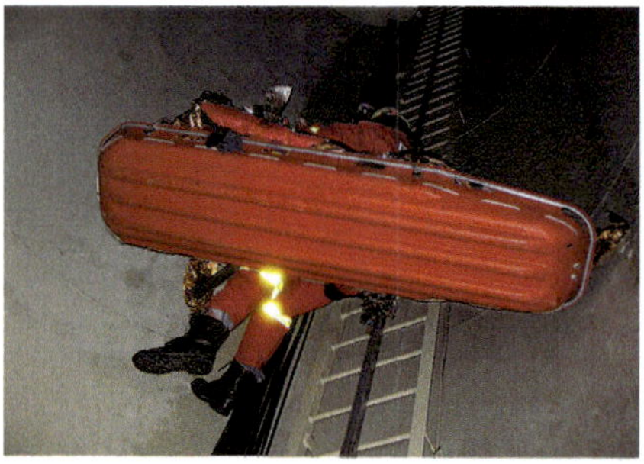

Abb. 98 und 99: Rettung eines erkrankten Monteurs durch den Turm (links) und Außenrettung an einer WEA (rechts). (Fotos: Höhenrettung FF Altenbeken)

3.4.4.2 Fliehkraftzerknall/Spontanes Bauwerksversagen

Diese Phänomene sind mit Eintreffen der Feuerwehr meist abgeschlossen. Es ist eine umfassende Erkundung auf ggf. Sekundärschäden bzw. im Umfeld verletzte Personen durchzuführen. Dabei ist verstärkt der Eigenschutz zu beachten (evtl. später abstürzende Teile).

3.4.4.3 Herabfallende Bauteile/Eiswurf

Lösen sich an der WEA Bauteile, wie z.B. Messgeräte, oder kommt es zu sogenanntem Eiswurf[1], kann die Feuerwehr nicht aktiv werden.

Einzige Maßnahme hier ist die weiträumige Absperrung der Einsatzstelle!

[1] Dabei löst sich Eis, das sich zuvor an den Blattspitzen oder dem Maschinenhaus gebildet hat.

3.5 Sonstiges

3.5.1 Kleinwindenergieanlagen (K-WEA)

K-WEA werden häufig für Messstationen, zur Versorgung abgelegener Einrichtungen oder auf Segelbooten verwendet. Die Nabenhöhe beträgt meist 10–15 m.

In einigen Bundesländern können K-WEA bis zu einer gewissen Höhe genehmigungsfrei[1] errichtet werden und werden somit unter Umständen der Feuerwehr auch in reinen Wohngebieten oder Kleingartenanlagen begegnen.

Grundsätzlich sind die Anlagen aus Sicht der Feuerwehr problemlos, als Sicherheitsabstand ist die doppelte Nabenhöhe anzunehmen.

Als Spannung kann entweder Kleinspannung bis 24 Volt, 230 V oder in seltenen Fällen 400 V anliegen.

Bei Kleinwindanlagen werden teilweise auch sogenannte Darrieus-Turbinen verbaut. Diese haben eine vertikale Achse. Für die Feuerwehr ergibt sich aber aus dieser Bauart keine gesteigerte Gefährdung.

Abb. 100 und 101: Kleinwindenergieanlage in einer Kleingartenanlage (links). (Foto: Westernmann, Völklingen) und Kleinwindenergieanlage an der Autobahn (rechts). (Foto: Katja Besch, Völklingen)

1 Z.B im Saarland bis 10 m Nabenhöhe.

Abb. 102: Darrieus-Turbine. (Foto: Wolf, Bad Hersfeld)

3.5.2 Offshore Windparks

Ein Einsatz „normaler“ kommunaler Feuerwehren ist in den Offshore Windparks von Nord- und Ostsee in der Regel nicht vorgesehen. Über das Havariekommando werden bei Bedarf größere Standorte von Küstenfeuerwehren zu den Einsätzen mit herangezogen.

In den letzten Jahren wurden von den Betreibern, zusammen mit der DGUV, entsprechende Sicherheitskonzepte erarbeitet und z.T. Betriebsfeuerwehren oder ähnliche Einheiten dazu mit aufgestellt.

Abb. 103: Offshore Windpark. (Foto: BARD Offshore)

3.5.3 Bauphase

Nicht nur der Betrieb einer Windkraftanlage stellt eine Herausforderung für die Feuerwehr da. Bereits in der Bauphase kann es zu anspruchsvollen Schadenslagen kommen.

Dabei tauchen auch dieselben Erschwernisse auf:

- unbekannte Örtlichkeit,
- problematische Anfahrt durch schlechte Zufahrtstraßen,
- Patienten in großer Höhe.

Deshalb sollte die Feuerwehr möglichst früh in die Planungen eingebunden werden!

> Ihre SER „Windenergie“ sollte schon vor dem ersten Spatenstich fertig sein!

Da die WEA-NIS-Kennung erst für fertige Anlagen vergeben wird, empfiehlt es sich bei ausgedehnten Windparks, für die Bauphase ein System aus Rettungspunkten zu installieren.

Abb. 104: Musterrettungspunkt für einen Windpark. (Foto: Besch, Schwerte)

3.5.4 Windenergieanlagen im Wald

Ab dem Jahr 2010 wurde damit begonnen, Windenergieanlagen auch mitten in den Wald zu bauen. 2020 standen 8 % der Anlagen im Wald[1]. Diese Entwicklung hat auch Bedeutung für die Feuerwehren.

Wenn der Brand durch eine brennende Windkraftanlage ausgelöst wurde, darf die Brandbekämpfung erst eingeleitet werden, wenn keine Gefahr durch herabstürzende Trümmer mehr besteht. Das bedeutet in der Praxis, dass über Stunden hinweg keine andere taktische Möglichkeit besteht, als am Rande der Absperrgrenze eine Verteidigungslinie einzurichten und darauf zu warten, bis das Feuer dort ankommt.

[1] Vgl. Windenergie an Land, 2021.

Abb. 105 und 106: Windkraftanlagen mitten im Wald (links) stellen die Feuerwehren vor neue Herausforderungen. Die Abbildung rechts zeigt unten links den Ausläufer eines größeren Feuers (Lübtheen, 2019). (Fotos: Gerseker, Bad Iburg; Bundespolizei)

In Hessen z.B. (vgl. Regierungspräsidium Darmstadt 2020) werden bei Windkraftanlagen im Wald Löschanlagen und entsprechende Löschwasserbevorratung vor Ort z.B. in der Form von Zisternen gefordert.

In der Bauphase werden großzügige Zuwegungen angelegt. Diese werden jedoch nach Abschluss häufig sich selbst überlassen. Hier ist es wichtig als Feuerwehr, diese Wege regelmäßig auf Befahrbarkeit zu überprüfen und eine Bewirtschaftung einzufordern.

Für die Feuerwehr bleibt bei einem Brandereignis im Wald nur die Option, an den Absperrgrenzen starke, bewegliche Kräfte zusammenzuziehen, um flexibel auf Abstand reagieren zu können.

Nach Möglichkeit sollte versucht werden, bereits frühzeitig einen Hubschrauber z.B. der Landes- oder Bundespolizei hinzuziehen, der neben der Möglichkeit, aus der Luft Wasser abwerfen zu können, auch in der Lage ist, mit der Wärmebildkamera bei der Lageerkundung zu unterstützen, vgl. DFV, 2022.

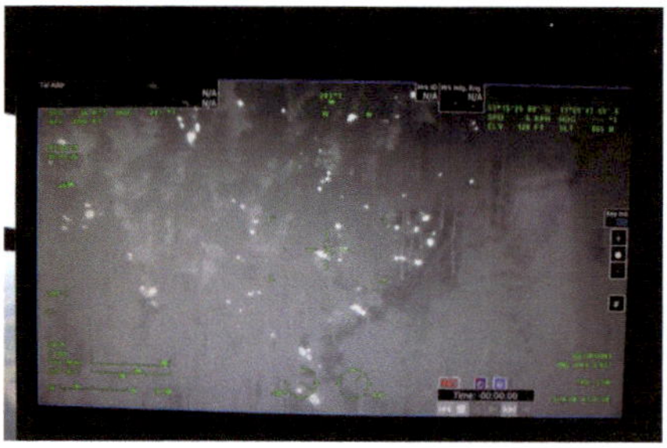

Abb. 107 und 108: Lübtheen 2019, Fotos ohne und mit Wärmebildtechnik. (Fotos: Bundespolizei)

4 Biogasanlagen

von M. WEBER, überarbeitet durch L. LORENZEN

Eine Biogasanlage dient dazu, die in der Biomasse, dem sogenannten Substrat, gespeicherte Energie durch Vergärung nutzbar zu machen. Dabei wird die Biomasse in einem gasdicht verschlossenen Behälter, dem sogenannten Fermenter, von Mikroorganismen abgebaut. Die entstehende Gasphase besteht aus Methan, Kohlenstoffdioxid, Stickstoff, Sauerstoff, Wasserstoff und Schwefelwasserstoff. Im Volksmund wird diese Gasphase etwas irrwitzig als „Biogas" bezeichnet. Die Gasphase wird in einem Blockheizkraftwerk (BHKW) durch einen Verbrennungsmotor verbrannt. Durch einen angeschlossenen Generator und Wärmetauscher entsteht elektrische Energie und Wärme (die s.g. Kraft-Wärmekopplung). Die entstehende Wärme wird meist in ein Fernwärmenetz eingespeist. Alternativ zur dezentralen Verbrennung im Blockheizkraftwerk kann das anfallende Gas qualitativ aufbereitet und in das öffentliche Erdgasnetz eingespeist werden.

Konventionelle Biogasanlagen arbeiten mit mehr oder weniger flüssigen Substraten. Daneben gibt es Anlagen, die nach dem Prinzip der Trockenfermentation arbeiten. Diese Anlagen vergären vergleichsweise feste, das heißt pumpbare Stoffe – zumeist sogenannte Ganzpflanzensilage (GPS), z.B. aus Roggen, Gerste oder Mais.

Biogasanlagen stehen in der Mehrzahl auf oder in der Nähe von landwirtschaftlichen Betrieben und vergären dort Reststoffe aus der Tierproduktion (Gülle, Festmist, etc.) und speziell angebaute Energiepflanzen (GPS), sogenannte „Nachwachsende Rohstoffe". Daneben gibt es auch gewerb-

---

Foto oben: © Weber, Schwäbisch Gmünd

liche Biogasanlagen, in denen agroindustrielle Abfälle (z.B. Trester, Schlempe, Treber, Melasse, Molke o.ä.), Abfälle aus Industrie, Gewerbe und Handel (z.B. Speiseabfälle, Schlachtabfälle, Fettabscheiderinhalte, Rohglycerin) oder Abfälle aus privaten Haushalten (Biomüll) vergoren werden.

Die Vergärung in Biogasanlagen läuft prinzipiell im aneroben Bereich, also unter Ausschluss von Sauerstoff, ab. Die dort anwesenden Mikroorganismen verstoffwechseln hauptsächlich Kohlenhydrate, Proteine und Fette u.Ä. in mehreren Stufen zum Endprodukt Methan. Cellulose und Lignocellulose können hingegen von den Mikroorganismen nicht umgesetzt werden, weshalb sich Biomasse, die vorwiegend aus Cellulose besteht (z.B. Holz), nicht für die Verwertung in Biogasanlagen eignet.

4.1 Aufbau/Technik

Neben dem Fermenter, in dem die eigentliche Erzeugung des Biogases stattfindet, besteht eine Biogasanlage aus verschiedenen Peripherieeinrichtungen, um das Substrat anzunehmen, zwischenzulagern oder aufzubereiten. Ebenso werden Einrichtungen zur Lagerung des Gases und des vergorenen Substrats sowie Einrichtungen zur Erzeugung von Energie aus dem Gas benötigt.

Abb. 109: Biogasanlage; links Trafohäuschen (grün), daneben Maschinenhaus (weiß), Fermenter und Nachgärer mit Gashaube. (Fotos: Weber, Schwäbisch Gmünd)

4.1.1 Annahme, Aufbereitung, Lagerung, Eintragstechnik

Unter Substrat versteht man die Biomasse, die für die Vergärung in der Biogasanlage verwendet wird. Wenn das Substrat nicht in direkter räumlicher Nähe zur Biogasanlage entsteht, wie dies oftmals bei Reststoffen aus der Tierproduktion der Fall ist, dann sind eine entsprechende Logistik sowie technische Anlagen zur Annahme, Aufbereitung und Lagerung erforderlich.

4.1.1.1 Substratannahme

Anlagen zur Substratannahme dienen der Erfassung und Dokumentation des Inputs. Sie sind so gestaltet, dass Emissionen möglichst vermieden werden. Die Bauausführung ist abhängig von den angelieferten Substraten und den sich daraus ergebenden Rechtsvorschriften. Da die Anlieferung in der Regel mit LKW oder Traktorgespannen erfolgt, ist ein Befahren der Annahmeflächen mit Fahrzeugen der Feuerwehr problemlos möglich. Zu beachten ist, dass rund um Biogasanlagen unterirdische Lagergruben vorhanden sein können. In der Regel werden diese Gruben mit Betondeckeln ausgeführt, die bis 32 Tonnen befahrbar sind. Trotzdem muss vor dem Befahren unterirdischer Gruben erkundet werden, ob diese für das Gewicht des Fahrzeugs ausgelegt sind bzw. ob durch ein Havarieereignis Schäden an der Grube aufgetreten sind.

Abb. 110: Annahmebereich einer Biogasanlage. (Foto: Weber, Schwäbisch Gmünd)

4.1.1.2 Aufbereitung und Hygienisierung

Silagen und Reststoffe aus der Tierproduktion werden in der Regel nicht aufbereitet, sondern werden direkt in den Fermenter eingebracht. Bei Abfällen kann eine Rohstoffaufbereitung vorgeschalten werden, um einen Eintrag von Störstoffen in den Fermenter zu verhindern oder das Substrat für die Vergärung aufzubereiten.

Eine Möglichkeit der Aufbereitung ist die mechanische oder manuelle Sortierung, um Störstoffe auszusortieren. Teilweise werden auch Magnete eingesetzt, um beispielsweise bei Biomüll Metalle auszusortieren.

Eine weitere Möglichkeit ist es, über Sortiertrommeln oder sogenannte Pulper die gut vergärbare Organik abzutrennen, zusätzlich werden bei solchen Sortiereinrichtungen auch Beruhigungsbecken nachgeschaltet, um Sand durch Sedimentation abzuscheiden und Leichtstoffe (z.B. Kunststoffe) über Rechen von der Oberfläche der flüssigen Substrate abzuschöpfen. Auch eine mechanische Zerkleinerung der eingebrachten Substrate kann je nach Substrat notwendig sein.

Werden behandlungspflichtige Abfälle nach Bioabfallstoffverordnung (BioAbfV), wie z.B. Speisereste, Fette, Schlachtabfälle oder Biomüll, in eine Biogasanlage eingebracht, und sollen die Gärreste anschließend auf landwirtschaftliche Flächen ausgebracht werden, dann ist eine Hygienisierung zwingend vorgeschrieben. Dabei kann das komplette Substrat oder nur der behandlungspflichtige Teil hygienisiert werden.

Die Unbedenklichkeit wird bei nach BioAbfV behandlungspflichtigen Bioabfällen durch einen Wirksamkeitsnachweis des Behandlungsverfahrens (direkte Prozessprüfung oder zugelassene alternative Nachweise), durch kontinuierliche Überwachung und Aufzeichnung der Behandlungstemperatur und durch regelmäßige Endproduktprüfungen gewährleistet. Die BioAbfV schreibt für die Endproduktkontrolle hinsichtlich der Hygienisierung (neben Schwermetallgehalten, Anteil an Fremdstoffen u.a.) lediglich eine Untersuchung auf Salmonellen und eine Untersuchung auf keimfähige Samen bzw. austriebsfähige Pflanzenteile vor.

Die Art der Hygienisierung ergibt sich aus dem eingesetzten Material. Der Gesetzgeber unterscheidet hier zwischen den Kategorien 1, 2 und 3.

Material der Kategorie 1 (Heimtiere, Zootiere, Zirkustiere oder Teile derselben, Versuchstiere, Tiere, die im Rahmen eines TSE-Tilgungsprogramms getötet wurden, u.a.) darf grundsätzlich nicht in Biogasanlagen behandelt werden.

Unter Material der Kategorie 2 versteht der Gesetzgeber tierische Nebenprodukte, beispielsweise den Magen- und Darminhalt geschlachteter Tiere, Fett-/Ölgemische oder Abwässer aus Schlachthöfen. Welche Produkte aus der Kategorie 2 in einer Biogasanlage fermentiert werden dürfen, ergibt sich aus der Genehmigung der Anlage. Material der Kategorie 2 ist grundsätzlich zu sterilisieren, die Sterilisierung erfolgt unter einem Überdruck von 2 bar bei 133 °C. Um sicherzustellen, dass die erforderliche Temperatur in allen Teilen des Substrats erreicht wird, ist je nach Substrat eine vorhergehende Zerkleinerung des Materials notwendig. Für die Erzeugung des Dampfes kann die Abwärme des Blockheizkraftwerkes benutzt werden. Reicht diese Abwärme nicht aus, so ist eine zusätzliche Kesselanlage zur Erhitzung notwendig.

Unter Material der Kategorie 3 versteht der Gesetzgeber unter anderem genusstaugliche Tiere, Rohmilch gesunder Tiere, Küchen- und Speiseabfälle. Kategorie-3-Material ist grundsätzlich zu pasteurisieren. Das Substrat gilt als pasteurisiert, wenn die Anlage mindestens 20 Tage eine Prozesstemperatur von mindestens 55 °C gewährleistet und das Substrat für mindestens 24 h im Fermenter verbleibt. Ist dies nicht erfüllt, so muss eine Hygienisierung außerhalb des Fermenters erfolgen. Bei dieser ist eine Temperatur von 70 °C über die Dauer von einer Stunde einzuhalten. Die Prozesswärme wird in der Regel aus der Abwärme des Blockheizkraftwerks gewonnen.

4.1.1.3 Substratlagerung

Die überwiegende Zahl der Anlagen wird im sogenannten kontinuierlichen Verfahren betrieben, das heißt es wird – in der Regel mehrmals täglich – eine gewisse Menge Substrat in den Fermenter eingebracht und durch einen Überlauf gleichzeitig eine gleich große Menge aus der Anlage herausgedrückt. Dieses Verfahren macht eine gewisse Lagerhaltung notwendig – sowohl der Rohstoffe als auch der Gärreste.

Die bauliche Ausführung der Lagerbehälter ist abhängig von den verwendeten Substraten. Biogasanlagen, die ausschließlich mit Reststoffen aus der Tierproduktion und mit Nachwachsenden Rohstoffen betrieben werden, haben ein vergleichsweise geringes Geruchsemissionspotenzial. Bei diesen Anlagen wird in der Regel Lagertechnik verwendet, wie sie in landwirtschaftlichen Betrieben für Gülle- und Futterannahme eingeführter Stand der Technik ist. Bei reinen Abfallvergärungsanlagen und Anlagen, in denen Abfälle als Kofermentate eingesetzt werden, werden weiterreichende Immissionschutzeinrichtungen erforderlich. Ab einer gewissen Größe werden geschlossene Anlieferungshallen nach VDI-Richtlinie 3475 Teil IV notwendig. Diese Hallen verfügen über eine Luftabsaugung, die Hallenluft soll dabei mindestens zwei Mal pro Stunde umgesetzt werden. In Anlieferungshallen sind Fahrzeugschleusen eingebaut, die eine Geruchsemission aus der Halle unterbinden sollen. Alternativ kann die Geruchsemission z.B. durch einen Unterdruck in der Halle in Verbindung mit schnell schließenden Toren verhindert werden. In diesen Hallen besteht ein erhöhtes Risiko, dass sich eine schädliche Atmosphäre bildet.

Eigenschutz beachten!
Eine entsprechende Erkundung und messtechnische Absicherung der Einsatzstelle, als auch der Umgebung (O_2, CH_4, H_2S, CO_2, Ex-Gefahr) ist absolut notwendig!
Der Einsatz eines ABC-Zuges bei derartigen Lagen ist obligatorisch!
Ggf. kann sogar eine analytische Taskforce (ATF) erforderlich sein.

Abb. 111: Blick in eine Annahmehalle.
(Foto: Weber, Schwäbisch Gmünd)

Güllebehälter

Rohstoff vieler landwirtschaftlicher Biogasanlagen ist Gülle. Gülle besteht hauptsächlich aus einem Kot-Urin-Gemisch sowie einer Beimengung an Futterresten und Resten von Einstreu. Je nach Tierart bildet sie eine feste Schwimm- (Rinder) oder Sinkschicht (Schweine, Hühner). In der Regel wird Gülle in Silos, Gruben oder Lagunen gelagert. Diese Lagerbehälter können ein Volumen von mehreren tausend Kubikmetern besitzen. Bei Silos handelt sich um runde Behälter, die entweder oberirdisch, teilweise oder ganz ins Erdreich eingebaut sind. Die Behälterwände bestehen je nach Bauart aus säurefestem und flüssigkeitsdichtem Stahlbeton, aus diversen Stählen (Edelstahl, emailliertem Stahl, verzinktem Stahl oder einer Kombination aus diesen) oder bei älteren Behältern auch aus druckimprägnierten Harthölzern. Teilweise sind diese Behälter mit einer Abdeckung gegen Geruchsemissionen und den Eintrag von Regenwasser versehen.

Gruben sind rechteckige oder runde, komplett unterirdische Behälter mit einem (befahrbaren) Deckel. In der Regel bestehen sie aus säurefestem

Stahlbeton. Im Deckel befinden sich Öffnungen für Pumpen und Rührwerke. Größere befahrbare Gruben haben eine oder mehrere Säulen, die den Deckel tragen.

Fahrsilo, Siloplatten, Freigärhaufen

Als Lagerstätte für Nachwachsende Rohstoffe werden Fahrsiloanlagen oder Siloplatten verwendet.

Nachwachsende Rohstoffe fallen zu einem bestimmten Erntezeitpunkt an; um sie ganzjährig verwenden zu können, ist ein entsprechend großes Lagervolumen notwendig. Da es sich um biologische Materialien handelt, ist eine Konservierung notwendig, um eine schädliche Zersetzung (verschimmeln, verfaulen oder verrotten) zu verhindern. Ein Fahrsilo oder eine Siloplatte dient somit nicht nur der Lagerung, sondern auch der Konservierung der entsprechenden Rohstoffe.

Ein klassisches Fahrsilo besteht aus einer Bodenplatte aus speziellem säurefestem Beton oder Asphalt. Die seitliche Begrenzung besteht aus Beton-Fertigteilen. Der Name Fahrsilo ergibt sich aus der Eigenschaft, dass diese Fahrsilos befahrbar sind. Die geernteten Nachwachsenden Rohstoffe werden mit Traktoren und angehängten Kippern, Abschiebewagen, Ladewagen oder Muldenkippern angeliefert. Bei weiten Entfernungen werden auch geländefähige LKW mit entsprechenden Kipperaufbauten eingesetzt. Die anliefernden Fahrzeuge fahren über das bereits angelieferte Erntegut im Silo und laden das Erntegut dort ab. Alternativ können die Lieferfahrzeuge das Erntegut auch vor dem Silo abladen und es wird mit Radladern oder speziell ausgestatteten Traktoren in das Silo geschoben.

Anschließend wird das Erntegut durch Schlepper mit Schiebeschildern, Frontladern oder durch Radlader gleichmäßig im Silo verteilt und durch mehrmaliges Überfahren mit diesen Maschinen festgefahren und gleichzeitig Lufteinschlüsse aus dem Erntegut gepresst.

Um die Nachwachsenden Rohstoffe langfristig zu konservieren, müssen diese unter Sauerstoffabschluss gelagert werden. Deshalb wird das Erntegut mit Folien abgedeckt. Diese Folien werden mit Sandsäcken oder Altreifen beschwert. Oft wird zusätzlich eine Gewebetuch oder ein Vlies aufgelegt, um die Folie gegen Vogelfraß zu schützen. Nach dem Abdecken des Ernteguts wird die Stärke im Erntegut unter Sauerstoffabschluss von Bakterien in Milchsäure umgewandelt. Dadurch entsteht ein lagerfähiges Produkt, die sogenannte Silage. Während des Konservierungsprozess entsteht

Sickersaft, eine bräunliche, stark riechende Flüssigkeit. Dieses wird in einer Grube in der Nähe des Silos aufgefangen und gelagert. Alternativ kann der Sickersaft in eine Güllegrube geleitet werden, sofern eine solche in räumlicher Nähe vorhanden ist. Reine Sickersaftgruben haben in der Regel eine Größe von mindestens 3 % des Silovolumens. Sickersaftgruben über 25 m³ müssen über eine Leckageerkennung verfügen. In Sickersaftgruben kann eine lebensbedrohende Atmosphäre herrschen, da sich unter anderem Methan, Kohlendioxid und Schwefelwasserstoff bilden kann.

Ein Einstieg in Gruben und Schächte ist im Einsatzfall **auch zur Menschenrettung** nur unter umluftunabhängigem Atemschutz zulässig!

Der Einsatz von Messtechnik zur Gefahrstoffdetektion ist zwingend frühzeitig (Im Idealfall mit Einsatzbeginn) erforderlich! (ABC-Zug und/oder ATF).

Dahingehend empfiehlt es sich die Alarm- und Ausrückeordnungen zu überprüfen und ggf. zu ergänzen.

Abb. 112 und 113: Fahrsiloanlage geschlossen (links) und geöffnet zur Entnahme (rechts). (Fotos: Weber, Schwäbisch Gmünd)

Lagerung von Abfällen als Rohstoffe für Biogasanlagen

Die Lagerung gewerblicher und industrieller Abfälle sowie von Abfällen aus privaten Haushalten kann sehr verschieden aussehen und ist hauptsächlich von den Eigenschaften des Abfallstoffs abhängig. In der Regel werden die verschiedenen Inputstoffe getrennt gelagert, um eine kontrollierte Zufuhr von Rohstoffen in den Fermenter zu ermöglichen. Eine Mischung der verschiedenen Inputstoffe erfolgt erst unmittelbar vor Einfuhr in den Fermenter oder im Fermenter selbst.

Feste Abfallstoffe werden in Lagerhallen, auf Halden, in Fahrsilos oder in Containern bevorratet. Flüssige Abfallstoffe, wie z.B. Fettabscheidermaterial, wird in Silos oder Gruben bevorratet. Einen Sonderfall stellen pastöse Materialien wie z.B. Teigmaterial dar, das zur Erhaltung der Fließ- und Pumpfähigkeit in beheizten Behältern gelagert werden muss. Bei Stoffen, von denen eine erhebliche Geruchsemission ausgeht, ist eine geschlossene Lagerung vorgeschrieben.

4.1.1.4 Materialeintrag

Das Substrat kann über Pumpen oder durch ein Feststoffeintragsystem in den Fermenter eingebracht werden. Substrat mit einem Trockensubstanzgehalt von maximal 15 % wird über Drehkolben-, Kreisel- oder Balgpumpen eingetragen. Umgebaute Betonpumpen können Substrate mit höheren Trockensubstanzgehalten pumpen, werden aber, bedingt durch die höheren Kosten in Anschaffung und Betrieb, selten eingesetzt. Feste Substrate können über Schneckensysteme oder durch Presskolbensysteme in den Fermenter gedrückt werden.

Abb. 114: Mischer, rechts im Bild die Förderschnecke zum Eintrag in den Fermenter. (Foto: Weber, Schwäbisch Gmünd)

4.1.2 Vorgruben

Vorgruben sind als Betongruben ausgeführte Behälter, die dem Sammeln von Substrat, dem Homogenisieren und dem Aufbereiten von Substrat (zerkleinern) dienen.

4.1.3 Reaktor/Fermenter

Der Fermenter ist das Kernstück der Biogasanlage. In ihm findet die Umsetzung des Substrats statt, wodurch das Biogas entsteht. Die Fermentation ist ein biologischer Prozess, bei dem komplexe organische Strukturen in mehreren Stufen abgebaut werden. In einem ersten Schritt (Hydrolyse-Phase) werden polymere Bestandteile des Substrats (Proteine, Fette, Kohlenhydrate) durch Enzym-Ausscheidungen von Bakterien zu niedermolekularen Stoffen umgewandelt (Proteine zu Aminosäuren, Fette zu Fettsäuren und Kohlenhydrate zu Einfachzuckern). Diese werden durch

Mikroorganismen in der Säurebildungsphase (Acidogenese) zu Alkoholen, organischen Säuren, Kohlenstoffdioxid und molekularem Wasserstoff abgebaut.

Die Alkohole und organischen Säuren werden durch acetogene Bakterien in der Acetogenese genannten Phase zu Essigsäure und Wasserstoff umgesetzt.

Schließlich werden in einer letzten Stufe, der Methanbildung (Methanogenese) durch Archaebakterien aus Kohlenstoffdioxid, Wasserstoff und Essigsäure Methan und Wasser gebildet.

Wie jeder biologische Prozess läuft auch die Umsetzung der organischen Substanzen zu Biogas nur in einem bestimmten Milieu ab, das von den Ansprüchen der notwendigen Mikroorganismen bestimmt wird. Dieses Milieu ist ein mehr oder weniger breiter Bereich oberhalb und unterhalb eines für die Mikroorganismen optimalen Werts. Je weiter sich das tatsächliche Milieu von den Optimalwerten entfernt, desto schlechter wird die Gasausbeute, bis hin zum Abbrechen der Biogasentstehung.

Der Umsetzungsprozess zu Biogas läuft im anaeroben Milieu, das heißt unter Sauerstoffausschluss ab. Neben der Abwesenheit von Sauerstoff ist eine Vielzahl von Nährstoffen und Spurenelementen notwendig, um einen stabilen Prozess zu gewährleisten. Auch die Temperatur im Fermenter und der pH-Wert des Substrats sind von entscheidender Bedeutung für die Prozessstabilität, ebenso wird die mikrobielle Umsetzung durch Licht gestört. Eine Veränderung des Milieus durch Substratwechsel, Veränderungen der Prozesstemperatur oder die Einbringung von Arzneimitteln durch kontaminiertes Substrat kann den Prozess beeinträchtigen oder im schlimmsten Fall abbrechen lassen: Die Anlage „kippt um“.

Die Bauart des Fermenters orientiert sich an den oben genannten Ansprüchen der Mikroorganismen und an den verwendeten Substraten bzw. deren Trockensubstanzgehalt.

Man unterscheidet drei Bauformen von Fermentern, die im Folgenden grob beschrieben werden. Alle Fermentertypen können in Stahlbeton, Schwarzstahl, beschichtetem Stahlblech oder Edelstahl ausgeführt werden. In der Regel werden kleinere Fermenter bis zu einer Höhe von ca. 6–8 m in Stahlbeton ausgeführt, bei höheren Fermentern ist die Stahlausführung kostengünstiger.

4.1.3.1 Arten von Fermentern

Fermenter mit Einbauten

Dieser Fermentertyp eignet sich nur für sehr flüssige Substrate und ist deshalb nur für Sonderanwendungen, beispielsweise für Abwässer, geeignet. Bei den Einbauten handelt es sich um Körper mit hoher Oberfläche, die den Mikroorganismen als Siedlungsfläche dienen sollen. Ab einem Trockensubstanzgehalt von ca. 5 % verkleben diese Körper, deshalb ist dieser Fermentertyp in der Praxis kaum anzutreffen.

Rührkesselfermenter

Um eine Homogenisierung des Substrats zu erreichen und eine bestmögliche Gasausbeute zu ermöglichen, verfügt dieser Fermentertyp über ein Rührwerk. Dadurch werden Sink- und Schwimmschichten verhindert und die Mikroorganismen im kompletten Substrat verteilt. Rührkesselfermenter arbeiten bis zu einem Trockensubstanzgehalt von ca. 15 % zuverlässig, sofern Teile des Substrats nicht Stoffe enthalten, die zur Sedimentation neigen.

Abb. 115: Tauchmotorrührwerk. (Foto: Weber, Schwäbisch Gmünd)

Zur Homogenisierung werden in Rührkesselfermentern verschieden Rührwerktypen eingesetzt.

Tauchmotorrührwerke besitzen (relativ) kleine Propeller, die relativ schnell drehen (300–400 U/min). Sie laufen nicht ständig, sondern werden je nach Substrat verschieden lange zugeschaltet. Bei größeren Behälterdurchmessern werden mehrere Rührwerke eingesetzt. Zur Wartung können sie über einen Galgen nach oben aus dem Fermenter gezogen werden.

Paddelrührwerke verfügen über größere Propeller, die relativ lang-

Abb. 116: Zentralrührwerk. (Foto: Weber, Schwäbisch Gmünd)

sam, dafür aber kontinuierlich laufen. Der Energieaufwand ist daher geringer.

Großflügelrührwerke sind eine Spielart der Paddelrührwerke, die mit etwas erhöhter Geschwindigkeit laufen und damit die Bildung von Schwimmdecken verhindern.

Zentralrührwerke verfügen über eine Welle, die mittig im Fermenterdach gelagert ist. An der Welle ist in Bodennähe und oben jeweils ein Propeller befestigt. Sie sind Langsamläufer mit einer Drehzahl von ca. 1–14 U/min. Durch die beiden Propeller entsteht eine Strömung an den Behälterwänden nach oben und in der Behältermitte nach unten. Bauartbedingt eignen sich diese Rührwerke für schmale, hohe Behälter. Behälter aus Beton werden in der Regel eher breit und nieder gebaut, daher eignen sich Zentralrührwerke vor allem für Fermenter in Stahlbauweise.

Bei der **Gaseindüsung** wird Biogas unter hohem Druck am Behälterboden eingespritzt. Diese Technik ist relativ wartungsarm, allerdings ist ein hoher technischer Aufwand erforderlich, um das Biogas auf Einspritzdruck zu komprimieren. Dadurch entstehen hohe feste Kosten, weshalb die Gaseindüsung hauptsächlich bei gewerblichen Anlagen außerhalb der Landwirtschaft eingesetzt wird. Die Statik des Behälters muss bei dieser Variante darauf ausgelegt werden, dass die Wassersäule im Behälter plötzlich ansteigen und abfallen kann.

Beim **Umwälzsystem** liegt die komplette Technik außerhalb des Fermenters. Das Substrat wird mit einer Pumpe aus dem Fermenter gesaugt und an anderer Stelle zurückgedrückt. Teilweise wird das Substrat an dieser

Stelle auch über einen Wärmetauscher geführt und erwärmt. Diese Technik wird bei sehr homogenen Substraten eingesetzt.

Pfropfstromfermenter

Pfropfstrombehälter sind längliche liegende Röhren, in denen auf einer Seite eingebrachtes Material wie ein Pfropfen durch die Röhre wandert, um an der anderen Seite wieder ausgeschieden zu werden. Vorteil des Propfstromfermenters im Gegensatz zu Rührkesselfermentern ist, dass eine Kurzschlussströmung wirksam verhindert wird. Unter Kurzschlussströmung wird das Phänomen bezeichnet, dass ein Teil des Substrats direkt vom Einlass des Fermenters zum Auslass strömt und somit die theoretische Verweildauer erheblich unterschritten wird. Dies ist ein Problem, wenn der Fermenter gleichzeitig zur Hygienisierung des Substrats eingesetzt werden soll. Pfropfstromfermenter besitzen ein Längswellenrührwerk, dessen Paddel bis zur Behälterwand reichen können. Bei diesem Verfahren können Fermenter auch mit Substraten, deren Trockensubstanzgehalt über 25 % liegt, gefahren werden.

Perkolationsfermenter (Trockenfermenter)

Um Substrat mit sehr hohen Trockensubstanzgehalten, wie z.B. Festmist, zu fermentieren, wird dieses Substrat mit Sickerwasser besprengt. Dieses Sickerwasser (Perkolat) wird im Kreislaufverfahren umgewälzt. Über das Perkolat werden dem Substrat Wärme, Nährstoffe und die notwendigen Bakterien zugeführt. Der Fermenter ist baulich als Halle ausgeführt. Über ein gasdichtes Tor wird das Substrat mit Fahrzeugen eingebracht und ausgeräumt. Durch die Technik ist eine kontinuierliche Gasproduktion nicht möglich. Um diesen Nachteil zu umgehen, werden mehrere Anlagen parallel betrieben, die jeweils in einer anderen Gärphase sind. Beim Öffnen der Boxen sind Vorkehrungen zum Explosionsschutz notwendig.

4.1.4 Heizung

Um eine für die Mikroorganismen optimale Prozesstemperatur zu erreichen, muss das Substrat aufgeheizt werden. Je nach Substrattemperatur unterscheidet man Biogasanlagen, die im psychrophilen Bereich (< 25 °C), im mesophilen Bereich (25–45 °C) und im thermophilen Bereich (> 45 °C) gefahren werden. Die verschiedenen Systeme unterscheiden sich in der Verweildauer des Substrats im System und in der Gasausbeute. In der Re-

Abb. 117: Aufgeständerte Heizungsrohre. (Foto: Weber, Schwäbisch Gmünd)

gel arbeiten heutige Biogasanlagen im mesophilen Bereich, der ein Optimum zwischen Energieaufwand und Gasausbeute darstellt.

Bei Perkolationsfermentern wird dies durch die Erwärmung des Perkolats erreicht, bei Pfropfstrom- und Rührkesselanlagen wird das Substrat direkt durch an den Behälterwänden aufgeständerte Heizungsrohre aus Edelstahl erwärmt. Die Heizenergie wird in der Regel aus der Abwärme des Blockheizkraftwerks gewonnen. Bei Biogasanlagen mit sehr großem Behältervolumen sind auch externe Wärmetauscher möglich.

4.1.4.1 Ein- und mehrstufige Verfahren

An den vier Phasen des Fermentationsprozesses (Hydrolyse, Säurebildung, Säureabbau und Methanbildung) sind jeweils verschiedene Mikroorganismen beteiligt, die ein jeweils eigenes Milieu bevorzugen. In einem einzigen Fermenter (einstufiges Verfahren) können die Milieuansprüche nicht berücksichtigt werden. Beim zweistufigen oder mehrstufigen Verfahren werden die ersten drei Phasen von der Phase der Methanbildung räumlich getrennt. Dies geschieht entweder durch zwei nebeneinander angeordnete Fermenter oder durch einen Fermenter im Fermenter. Im inneren Fermenter laufen hierbei die drei ersten Phasen ab. Durch einen Überlauf gelangt das Substrat anschließend in den äußeren Behältern, wo die Phase der Methanbildung abläuft. Bei Rührkesselfermentern wird durch das mehrstufige Verfahren zusätzlich die Gefahr der Kurzschlussströmung reduziert.

4.1.5 Nachgärbehälter

Der Nachgärbehälter ist ein hinter den Fermenter geschalteter gasdichter Behälter. Der Fermentationsprozess endet nicht schlagartig mit dem Austrag des Substrats aus dem Fermenter. Je nach Anlagenkonzept fallen 10–30 % des Biogasertrags im Nachgärer an. Der Nachgärbehälter ist mit einem Rührwerk ausgestattet und dient oftmals auch als Endlager. Alternativ kann nach dem Nachgärbehälter ein zusätzliches Endlager nachgeschalten sein.

4.1.6 Gaslagerung

Die Biogasproduktion läuft nicht kontinuierlich ab, ebenso ist es möglich, dass das BHKW wegen eines technischen Defekts oder zu Wartungsarbeiten abgeschaltet werden muss. Aus diesen Gründen ist es notwendig, das entstehende Biogas zwischenzuspeichern. In diesem Speicher findet auch eine Homogenisierung des Biogases statt. In der Regel werden Speicher verwendet, die die Gasproduktion von ca. vier Stunden aufnehmen können. Gasspeicher verfügen über Unter- und Überdrucksicherungen. Ist der Speicher gefüllt und entsteht weiteres Biogas, welches nicht im BHKW verbraucht werden kann, muss es abgeblasen werden. Überschreitet die abgeblasene Gasmenge ein bestimmtes Volumen oder handelt es sich um einen von der Verwaltung als immisionskritisch eingestuften Standort, muss eine weitere Verbrauchseinrichtung (Gasfackel) zugeschaltet werden.

4.1.6.1 Niederdruckfolienspeicher

Die am weitesten verbreitete Möglichkeit zur Gasspeicherung ist der Niederdruckfolienspeicher. Beim Rührkesselfermenter wird dieser Speicher meist unter einer Schutzhülle auf dem Dach des Fermenters realisiert. Bei zweistufigen Verfahren kann der Lagerraum dadurch erweitert werden, dass auf beiden Fermentern ein Gasspeicher in Form einer Haube eingebaut wird. Diese Hauben sind zum Fermenter, also nach unten, offen. Niederdruckfolienspeicher arbeiten mit einem Betriebsdruck < 0,1 bar, es handelt sich um eine Art Sack, bestehend aus einem gasdichten Kunststoffgewebe.

Abb. 118: Folienspeicher als Gashaube. (Foto: Weber, Schwäbisch Gmünd)

4.1.6.2 Tanks

Weniger verbreitet sind Mitteldruckspeicher, die mit einem Druck zwischen 5 und 20 bar arbeiten. Hierbei handelt es sich um handelsübliche Gastanks, wie sie auch für Propangas verwendet werden.

4.1.6.3 Gasfackel

Biogas ist ein übelriechendes Gas, welches klimarelevante Komponenten enthält. Ab einer Gasproduktion von ca. 20 m³, was einer installierten Anlagenleistung von ca. 30–40 $kW_{elektr.}$ entspricht, schreibt die Genehmigungsbehörde daher in der Regel eine Gasfackel vor. An gut einsehbaren Standorten kann eine Gasfackel mit verdeckter Flamme eingesetzt werden. Hierdurch werden Fehlalarme durch Passanten verhindert. Die Feuerwehr sollte aus Eigeninteresse auf den Einbau einer solchen Fackel hinwirken.

Abb. 119: Gasfackel. (Foto: Weber, Schwäbisch Gmünd)

4.1.7 Gasaufbereitung

Biogas ist ein komplexes Gasgemisch mit folgender Zusammensetzung:

Methan	CH_4	50–75 Vol.-%
Kohlendioxid	CO_2	25–50 Vol.-%
Wasser	H_2O	2–7 Vol.-% (bei 20–40 °C)
Schwefelwasserstoff	H_2S	2 Vol.-%
Stickstoff	N_2	< 2 Vol.-%
Wasserstoff	H_2	< 1 Vol.-%

Daneben enthält Biogas Spuren von flüchtigen organischen Verbindungen (NMVOC, non methane volatile organic compounds), die neben dem Anteil an Methan und Schwefelwasserstoff wesentlich zur Geruchsbelastung beitragen.

Ein Problem für das Blockheizkraftwerk stellen die hohen Anteile an Schwefelwasserstoff, an Abbauprodukten aus dem Fermentationsprozess (organische Säuren) und der Anteil an Wasserdampf dar.

Eine einfache technische Lösung für dieses Problem stellt die Gastrocknung dar. Sie entfernt nicht nur den Wasseranteil, da viele Spurengase an das Kondensat gebunden sind. Die Trocknung des Gases kann durch im Erdreich verlegte Kühlschlangen oder durch ein technisches Trocknersystem erfolgen. Letzteres wird in der Praxis ab einer installierten Leistung von 500 $kW_{elektr.}$ eingesetzt, da Motoren in dieser Größenklasse empfindlich und teuer sind.

Um Schäden durch den hochkorrosiven Schwefelwasserstoff zu vermeiden, wird vor der Verstromung eine Schwefelwäsche durchgeführt. Die einfachste Methode zur Entschwefelung ist das Einblasen von sauerstoffhaltiger Luft direkt in den Fermenter oder eine nachgeschaltete Entschwefelungskammer. Dadurch läuft eine biologische Entschwefelung ab, Mikroorganismen oxidieren den Schwefelwasserstoff zu Schwefel und Wasser. Die eingeblasene Luft muss in der Menge an das Biogasvolumen angepasst werden, um das Entstehen einer explosionsfähigen Atmosphäre zu verhindern.

Weitere Verfahren sind kostenaufwändiger und werden deshalb nur in industriellen Anlagen eingesetzt. Dazu zählen die Sorption durch Zugabe von Fe_2O_3, die Entschwefelung mit Aktivkohle, die Entschwefelung durch oxidative Gaswäsche mit einem Eisen-Chelat-Komplex in wässriger Lösung, die Entschwefelung mit Raseneisenerz oder die Entschwefelung durch ein Molekularsieb aus Aluminiumsilikaten.

4.1.8 Blockheizkraftwerk (BHKW)

Ein Blockheizkraftwerk ist ein Motor, der das aufbereitete Biogas verbrennt und daraus Wärmeenergie (über einen Wärmetauscher) und mittels des angeschlossenen Generators elektrische Energie erzeugt. Die Wärmeenergie wird (teilweise) als Prozessenergie benötigt, zusätzlich kann überschüssige Wärmeenergie zur Nutzung als Heizenergie für angeschlossene Wohnhäuser, land- und gartenwirtschaftliche Gebäude (Ställe, Gewächshäuser) und Industriegebäude über ein Fernwärmenetz verwendet werden.

4.1.8.1 Zündstrahlmotoren

Zündstrahlmotoren werden in den unteren Leistungsklassen eingesetzt, da sie kostengünstiger sind als andere Technologien. Zündstrahlmotoren benötigen zum Betrieb ein Zündöl, z.B. Dieselkraftstoff, dieses kann im BHKW in Mengen bis 5.000 L gelagert werden.

Abb. 120: Gasmotor. (Foto: Weber, Schwäbisch Gmünd)

4.1.8.2 Gasmotoren

Gasmotoren sind Ottomotoren, die in den Anschaffungskosten teurer sind als Zündstrahlmotoren, die aber ab einer eingebauten Leistung von 300–500 $kW_{elektr.}$ einen höheren Wirkungsgrad erzielen. Daneben sind sie langlebiger, weshalb sie ab einer installierten Leistung von ca. 200–300 $kW_{elektr.}$ bevorzugt eingesetzt werden.

4.1.8.3 Generatoren

Um die mechanische Arbeit des Motors in elektrische Energie umzuwandeln, werden in der Regel Asynchrongeneratoren eingesetzt, die als Drehstrom-Kurzschlussläufer-Motoren mit dem öffentlichen Netz gekoppelt sind und die erzeugte Energie ins öffentliche Leitungsnetz einspeisen. Durch die gesetzliche Vergütung von aus Erneuerbaren Energien erzeugtem Strom ist es nicht wirtschaftlich, den Strom direkt beim Erzeuger zu verbrauchen.

4.1.9 Gärrestverwertung

Sofern aus abfallrechtlicher Sicht und aus Sicht der Düngemittel-Verordnung zulässig, bietet sich eine direkte Ausbringung des Gärrests als Flüssigdünger bzw. als Feststoff bei Perkolationsanlagen an. Steht überschüssige Wärmeenergie aus dem Blockheizkraftwerk zur Verfügung, wird der Gärrest teilweise eingetrocknet, um eine (Transport-)Volumenreduktion zu erreichen.

Ist eine direkte Ausbringung aufgrund der verwendeten Fermentate nicht möglich, ist eine weitere Aufbereitung notwendig. Oft wird der Gärrest hier kompostiert. Eine weitere Möglichkeit stellt die klassische Abwasseraufbereitung dar, wie sie aus der Klärwerkstechnik bekannt ist. Hier werden Verfahren wie die Separation, Umkehrosmose und Ultrafiltration eingesetzt, um direkt oder indirekt vorflutertaugliche Abwässer zu erhalten.

4.1.10 Sicherheitsrelevante Bauteile

Alle Biogasanlagen sind mit bestimmten sicherheitsrelevanten Bauteilen ausgestattet. Es empfiehlt sich dringend, den möglicherweise eingesetzten Feuerwehrkräften diese sicherheitsrelevanten Bauteile im Rahmen einer Begehung vorzustellen. Im Rahmen dieser Begehung kann auch überprüft werden, ob ein Feuerwehrübersichtsplan nach DIN 14095 vorhanden ist, und ob er die entsprechenden sicherheitsrelevanten Bauteile enthält.

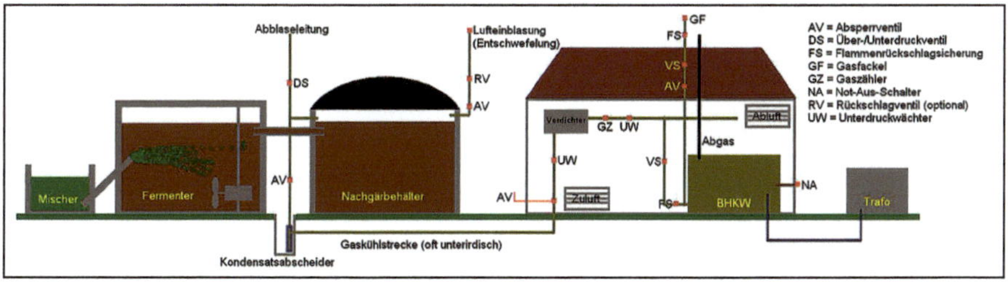

Abb. 121: Schematische Zeichnung der sicherheitsrelevanten Bauteile. (Zeichnung: Weber, Schwäbisch Gmünd)

4.1.10.1 Kennzeichnungen

EX-Zonen an Biogasanlagen sind nach den üblichen Vorschriften mit dem gelben EX-Schild (Warnzeichen D-W021) gekennzeichnet. Bereiche, in denen Schutzabstände eingehalten werden müssen, sind gemäß ASR A1.3 mit

Abb. 122 bis 124: Warnzeichen D-W021 „Warnung vor explosionsfähiger Atmosphäre“ (links). Verbotszeichen P003 „Keine offene Flamme; Feuer, offene Zündquelle und Rauchen verboten“ (Mitte). Und Verbotszeichen D-P006 „Zutritt für Unbefugte verboten“ (rechts). (Quelle: ASR A1.3)

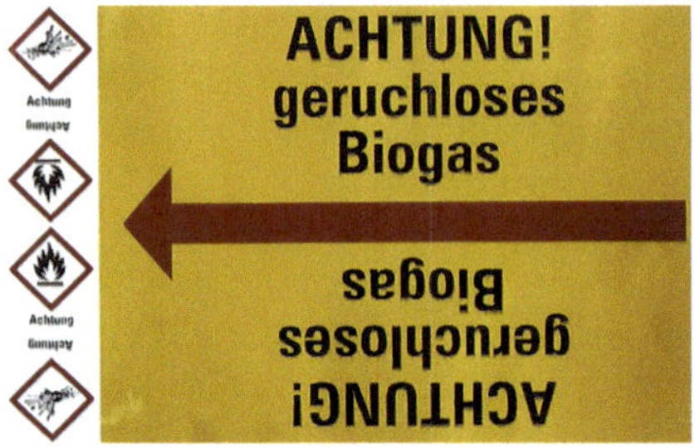

Abb. 125: Rohrleitungskennzeichnung Biogas. (Foto: Weber, Schwäbisch Gmünd)

den Schildern P003 (Keine offene Flamme; Feuer, offene Zündquelle und Rauchen verboten) und D-P006 (Zutritt für Unbefugte verboten) gekennzeichnet. Rohrleitungen für Biogas sind gemäß DIN 2403 mit der Aufschrift Biogas und der Fließrichtung gekennzeichnet. Die Grundfarbe des Schildes für Biogas ist gelb (RAL 1003), die Zusatzfarbe ist rot (RAL 3001), der Schriftzug Biogas ist in schwarz ausgeführt. Aufbereitetes Biogas ist mit dem Zusatz „ACHTUNG geruchloses Biogas" versehen. Die Einsatzkräfte müssen diese Beschilderungen erkennen und deuten können.

4.1.10.2 Lufteinblasvorrichtung

Ist eine Lufteinblasvorrichtung in den Fermenter zur Entschwefelung vorhanden, so kann diese über ein Rückschlagventil verfügen, welches verhindert, dass Biogas in die Atmosphäre entweicht. Sollte aufgrund einer Fehlfunktion trotzdem Biogas abgeblasen werden, ist ein manuelles Absperrventil vorhanden.

4.1.10.3 Abblaseinrichtung

Die Abblaseinrichtung ist eine Leitung, die aus dem Gasraum des Fermenters ins Freie führt. In der Abblasleitung ist eine Über-/Unterdrucksicherung eingebaut. Öffnet diese Sicherung, kann das Biogas in die Atmosphäre entweichen. Zusätzlich ist unterhalb der eigentlichen Abblasleitung ein Fallrohr angebracht. Durch dieses Fallrohr gelangt Kondensat in einen Behälter, den sogenannten Kondensatschacht. Zur Entleerung kann dieser Kondensatschacht mit einem Absperrventil abgeschiebert werden.

4.1.10.4 Absperrventil Maschinenhaus

Im Maschinenhaus des BHKW befindet sich ebenfalls ein Absperrventil in der Gasleitung, welches von außen geschlossen werden kann.

4.1.10.5 Belüftung Maschinenhaus

Das Maschinenhaus verfügt über eine Belüftung mit gegenüberliegendem Luftein- und -auslass. Die Zuluftöffnung ist dabei in Bodennähe, die Abluftöffnung in Dachnähe angebracht, um eine effiziente Querlüftung zu erreichen.

4.1.10.6 Weitere Einrichtungen in der Gasleitung im Maschinenhaus

In der Biogasleitung im Maschinenhaus ist optional ein Feinfilter verbaut. Daran schließt sich ein zwingend vorhandener Unterdruckwächter an. Nach diesem ist ein Verdichter eingebaut, der das Gas auf eine für den Motor notwendige Dichte bringt. Hinter dem Verdichter befinden sich zwei weitere Absperrorgane: ein selbsttätig schließendes Magnetventil und ein manuelles Absperrventil. In der Nähe des Motors ist eine Flammenrückschlagsicherung eingebaut. Direkt am BHKW befindet sich die Ableitung zur möglicherweise vorhandenen Gasfackel. In der Leitung zur Gasfackel befinden sich zwei Ventile, ein automatisch geschaltetes Magnetventil und ein manuell absperrbarer Schieber. Zudem befindet sich in direkter Nähe zur Flamme der Gasfackel ein Flammenrückschlagventil.

Abb. 126: Not-Aus-Schalter. (Foto: Weber, Schwäbisch Gmünd)

4.1.10.7 Not-Aus-Schalter BHKW

Am Maschinenhaus außen angebracht befindet sich ein Not-Aus-Schalter, mit dem das BHKW abgeschaltet werden kann.

4.2 Gefahren der Einsatzstelle

Es wird hier die erweiterte Gefahrenmatrix 5A-B-C-5E nach Vorschlag von CIMOLINO angewandt, da diese nach Meinung der Autoren eine wesentlich exaktere Einordnung ermöglicht.

Welche Gefahren sind erkannt?												
durch Gefahren für	Absturz	Angst-reaktionen	Atemgifte	Atomare Gefahren	Ausbreitung	Biologische Gefahren	Chemische Gefahren	Einsturz	Elektrizität	Erkrankung/ Verletzung	Ertrinken/ Wassergefahr	Explosion
	A	A	A	A	A	B	C	E	E	E	E	E
Welche Gefahren müssen bekämpft werden?												
Menschen			X		X		X	X	X	X		X
Tiere			X		X		X	X	X	X		X
Umwelt			X		X		X					X
Sachwerte					X		X	X				X
Mannschaft	X		X		X		X	X	X	X		X
Gerät					X		X	X				X

Tabelle 3: Gefahrenmatrix Biogas. (Tabelle: Cimolino)

Eine besondere Gefahr geht von den vorhandenen Gasen aus. Biogas besitzt eine Dichte von 1,22 kg/m³ und ist damit leichter als Luft (1,29 kg/m³). Allerdings neigt Biogas dazu, sich bei Freisetzung zu entmischen, wobei leichtere Inhaltstoffe (Methan) aufsteigen und schwerere Inhaltstoffe (Kohlendioxid und Schwefelwasserstoff) in tiefer gelegene Bereiche absinken!

Die Zündtemperatur von Biogas liegt bei ca. 700 °C, der Explosionsbereich zwischen sechs und 12 Vol.-%. Aufgrund verschiedener leicht flüchtiger organischer Säuren besitzt Biogas einen starken Geruch, durch den Anteil an Schwefelwasserstoff entsteht der typische Geruch nach faulen Eiern.

Allerdings kann der typische H_2S-Geruch bei hohen Konzentrationen nicht mehr wahrgenommen werden, da die Nervenbahnen des menschlichen Geruchssinns schnell gestört werden.

Daher ist der Einsatz von Messtechnik unverzichtbar!
Über den gesamten Einsatz ist diese auch einzusetzen und die Ergebnisse sind zu dokumentieren!

4.2.1 Absturz

Sowohl Fermenter als auch Vorgruben verfügen über Öffnungen, um Pumpen ein- und auszufahren oder Wartungsarbeiten durchzuführen. Im Regelbetrieb sind diese Öffnungen verschlossen zu halten. Allerdings ist es möglich, dass durch ein Havariegeschehen die Abdeckung nicht mehr intakt ist. Bei Austritt von Substrat sind insbesondere die Öffnungen von Vorgruben, aber auch Wartungsschächte oder der Kondensatschacht nicht mehr zu erkennen. Entsprechend umsichtiges Vortasten bei einer Bewegung im Substrat ist notwendig! Wo möglich, ist ein Aufenthalt in ausgetretenem Substrat zu vermeiden.

4.2.2 Atemgifte

4.2.2.1 Kohlenstoffdioxid (CO_2)

Biogas entmischt sich bei Austritt in die Atmosphäre. Der Kohlenstoffdioxidanteil sinkt dabei zu Boden und kann sich in Gruben, Schächten und Erdsenken ansammeln. In diesen Bereichen herrscht Erstickungsgefahr. Die Windrichtung ist zu beachten, sofern möglich, ist eine Anfahrt mit dem Wind zu wählen. Weiträumig absperren. Prinzipiell sollte beim Verdacht auf Gasaustritt umluftunabhängiger Atemschutz getragen werden. Kohlenstoffdioxid kann sich auch außerhalb des Fermenters in Gruben und Güllebehältern bilden!

4.2.2.2 Schwefelwasserstoff (H_2S)

Schwefelwasserstoff ist ein äußerst giftiges Gas, das durch seinen typischen Geruch nach „faulen Eiern“ wahrnehmbar ist. Allerdings lähmt Schwefelwasserstoff die Geruchsrezeptoren ab einer Konzentration von ca. 200 ppm H_2S. Eine Konzentration von > 100 ppm wirkt schon nach weniger als einer Stunde tödlich auf den Menschen, Konzentrationen von 1.000 ppm wirken nach wenigen Minuten, von über 5.000 ppm innerhalb von Sekunden tödlich. Biogas enthält bis zu 2 % Schwefelwasserstoff (20.000 ppm). Schwefelwasserstoff kann sich auch in Güllebehältern, Vorgruben und Güllekanälen von Ställen – also außerhalb des Fermenters bilden, vor allem beim Rühren der Gülle. Es kommt in diesem Zusammenhang regelmäßig zu Todesfällen bei Landwirten und Tieren. Die Windrichtung ist zu beachten, sofern möglich ist eine Anfahrt mit dem Wind zu wählen und weiträumig abzusperren. Prinzipiell muss beim Verdacht auf Gasaustritt umluftunabhängiger Atemschutz getragen werden und Messtechnik zum Einsatz kommen.

4.2.3 Ausbreitung

Tritt Substrat in Folge einer Havarie aus, besteht eine erhebliche Gefahr für Umwelt und Sachwerte. Werden Stoffe fermentiert, die einer Hygienisierungspflicht unterliegen und diese treten in unhygienisiertem Zustand aus, so besteht auch Gefahr für Menschen und Tiere. Von ausgetretenem Substrat gehen chemische und mikrobielle Gefahren für Oberflächengewässer und Grundwasser aus, in Folge der sauerstoffzehrenden Wirkung des Substrats kann beim Eintrag in Gewässer ein Fischsterben die Folge sein. Neben der korrosiven Wirkung von Substraten auf Beton und Metalle tritt eine erhebliche Geruchsbelästigung durch das Substrat auf. Von Substrat beaufschlagten Sachwerten geht auch nach intensiver Reinigung weiterhin der typische Geruch aus.

Biogas ist schon aufgrund des H_2S-Anteils schwerer als Luft. Es zeigt damit nach Freisetzung das typische Schwergasverhalten und breitet sich wie Wasser mit dem Gefälle aus und sammelt sich in Senken an!

4.2.4 Biologische Gefahren

Die biologischen Gefahren, die vom Substrat ausgehen, sind vor allem abhängig von den eingesetzten Fermentaten. Je nach eingesetztem Substrat kann eine Vielzahl von verschiedenen gesundheitsgefährdenden Bakterien, Viren, Pilzen und Parasiten vorliegen.

In der Regel liegen in Biogasanlagen mindestens Arbeitsstoffe der Kategorie 2 nach Anhang III der Richtlinie 2000/54/EG über den Schutz der Arbeitnehmer gegen Gefährdung durch biologische Arbeitsstoffe bei der Arbeit vor. Die Verordnung über Sicherheit und Gesundheitsschutz bei Tätigkeiten mit biologischen Arbeitsstoffen (Biostoffverordnung, BioStoffV) schreibt deshalb eine Gefährdungsanalyse für alle „Tätigkeiten mit biologischen Arbeitsstoffen einschließlich Tätigkeiten in deren Gefahrenbereich“ zwingend vor. Feuerwehren mit Biogasanlagen im eigenen Bereich müssen deshalb eine solche Gefährdungsanalyse zwingend durchführen.

Bei entsprechenden Verunreinigungen ist eine geeignete Reinigung = Dekontamination und ggf. Desinfektion nötig.

4.2.5 Chemische Gefahren

Gülle enthält i.d.R. ätzende Stoffe. Verunreinigungen können hier auch kurz-, v.a. aber mittel- bzw. langfristig zu Schäden sowohl an Lebewesen wie Geräten oder Fahrzeugen führen.

Bei entsprechenden Verunreinigungen ist eine geeignete Reinigung = Dekontamination und ggf. Desinfektion nötig.

4.2.6 Einsturz

Durch Bauteilversagen oder als Folge von Explosionen kann es zum Einsturz von Anlagenteilen kommen. Dokumentiert sind einige Fälle von Versagen bei Güllebehältern bzw. Fermentern mit (Teil-)Einsturz und Austritt von Substrat.

4.2.7 Elektrizität

Im Bereich des BHKW bzw. der Einspeisung sowie natürlich bei allen elektrischen Vergabelungen sind die üblichen Gefahren durch Elektrizität möglich. Die Einspeisung erfolgt in das Niederspannungs- oder Mittelspannungsnetz bis 30 kV. Es sind die üblichen Vorgehensweisen und die entsprechenden Mindestabstände zu beachten.

4.2.8 Ertrinken/Wassergefahren

In Anlagen mit flüssiger Gülle besteht bei Absturz in einen Behälter mit Flüssigkeit grundsätzlich auch Ertrinkungsgefahr.

4.2.9 Explosion

Biogas kann beim Austritt in die Umgebung eine explosionsfähige Atmosphäre bilden. Prinzipiell kann sich der Methananteil auch außerhalb des Fermenters in Vorgruben, Endlagern oder im Bereich der Substratannahme ansammeln. Bereiche, in denen beim **Normalbetrieb** mit einer explosionsfähigen Atmosphäre gerechnet werden muss, sind mit Warnschildern ausgezeichnet. Kann im Schadensfall von einer explosionsfähigen Atmosphäre ausgegangen werden, sind die üblichen Vorgehensweisen einzuhalten. Zündquellen sind zu vermeiden, elektrische Schalter dürfen nicht betätigt werden, die Atmosphäre ist mit entsprechenden Gasmess-

Abb. 127: Zustand nach Explosion einer Biogasanlage. (Foto: Baumann)

geräten zu kontrollieren (verwendetes Kalibriergas beachten!), es dürfen keine nicht-ex-geschützten Leuchtmittel, Funkgeräte oder sonstige elektrischen Geräte (z.B. private Mobiltelefone in der Einsatzkleidung!) mitgeführt werden.

4.3 Einsatzvorbereitung

Wie bei jeder technischen Anlage ist auch bei Biogasanlagen mit dem Auftreten von Schadensfällen zu rechnen. Nach Angaben von Sachverständigen[1] sind die Hauptursachen für Havarien und Unglücksfälle folgende:

- Statisches Versagen von Anlagenteilen
- Brände durch zu geringe Abstände von Anlagenteilen
- Unwetter, keine oder zu geringe statische Auslegung von Anlagenteilen
- Gasundichtigkeiten von Anlagenteilen
- Falsche Montage von Armaturen und Betriebsmitteln
- Falsche oder mangelhafte Wartung
- Schäden durch vorsätzliche Bedienfehler, z.B. überfüllen des Fermenters
- Mangelhafte Ausführung von Schutzanstrichen
- Falsche Materialauswahl bei Bau und Betrieb
- Fehlerhafte Elektroinstallationen
- Schäden durch Dritte oder „unmotiviertes Personal“
- Fehlendes anlagenbezogenes Explosionsschutzdokument oder fehlende Gefährdungsbeurteilung
- Fehlende sicherheitstechnische Bewertung der Anlage
- Fehlende Betriebsanweisung
- Fehlende Unterweisung von Mitarbeitern, Fremdfirmen und Besuchern
- Fehlende Absprache mit der örtlichen Feuerwehr

[1] STACHOWITZ, 2011

So mannigfaltig wie die Ursachen für Schäden, so vielfältig sind die daraus resultierenden Schäden. Durch die Komplexität der Anlagen, die Vielzahl der möglichen Schadensereignisse und die vielfältigen Gefahren für das eingesetzte Personal ist eine umfangreiche Einsatzvorbereitung durch die Feuerwehren empfehlenswert.

4.3.1 Brandschutzkonzept

Der Anlagenbetreiber muss den Entwurf eines Brandschutzkonzepts aufstellen und anschließend mit der zuständigen Feuerwehr auf deren einsatztaktische Erfordernisse abstimmen. In abschließender Form ist das Brandschutzkonzept der zuständigen Genehmigungsbehörde spätestens eine Woche vor Inbetriebnahme der Anlage vorzulegen.

Je nach den Umständen des Einzelfalls hat das Brandschutzkonzept in der Regel Angaben und Darstellungen zu folgenden Punkten zu enthalten:

- Zu- und Durchfahrten sowie Aufstell- und Bewegungsflächen für die Feuerwehr.
- Den Nachweis der erforderlichen Löschwassermenge sowie den Nachweis der Löschwasserversorgung.
- Bemessung, Lage und Anordnung der Löschwasser-Rückhalteanlagen.
- Das System der äußeren und der inneren Abschottungen in Brandabschnitte bzw. Brandbekämpfungsabschnitte sowie das System der Rauchabschnitte mit Angaben über die Lage und Anordnung der Bauteile.
- Lage, Anordnung, Bemessung und Kennzeichnung der Rettungswege auf dem Baugrundstück und in Gebäuden mit Angaben zur Sicherheitsbeleuchtung.
- Angaben zu den Nutzern der baulichen Anlage.
- Lage und Anordnung haustechnischer Anlagen, insbesondere der Leitungsanlagen, ggf. mit Angaben zum Brandverhalten im Bereich von Rettungswegen.
- Lage und Anordnung etwaiger Lüftungsanlagen mit Angaben zur brandschutztechnischen Ausbildung.
- Lage, Anordnung und Bemessung der Rauch- und Wärmeabzugsanlagen.

- Lage, Anordnung und ggf. Bemessung von Anlagen, Einrichtungen und Geräten zur Brandbekämpfung (z.B. Feuerlöschgeräte) mit Angaben zu Schutzbereichen und zur Bevorratung von Sonderlöschmitteln.

4.3.2 Feuerwehrplan nach DIN 14095

Im Fall einer Biogasanlage ist ein Feuerwehrplan nach DIN bei vielen Standorten bisher nicht zwingend vorgeschrieben. Die Verfasser sind allerdings der Ansicht, dass es sich bei Gülle und Substrat um Stoffe der Gefahrengruppe IIB im Sinne der Feuerwehrdienstvorschrift 500 handelt und ein Feuerwehrplan zwingend vorgeschrieben ist (FwDV 500, Kapitel 1.2.2.2).

Die Baugenehmigungsbehörde kann grundsätzlich einen solchen Feuerwehrplan fordern. Der Feuerwehrplan muss vom Anlagenbetreiber bzw. einem von ihm beauftragten Sachverständigen ausgearbeitet werden.

Beim Feuerwehrplan nach DIN handelt es sich um eine Zusammenstellung mehrerer Pläne, die den Einsatzkräften einen schnellen Überblick über das Objekt geben kann. Ist kein Feuerwehrplan vorgeschrieben oder vorhanden, ist darüber nachzudenken, entsprechende Unterlagen durch die Feuerwehr zu erstellen und auf einem Fahrzeug der Feuerwehr (z.B. ELW 1) mitzuführen. Das Brandschutzkonzept kann hierzu eine gute Grundlage darstellen.

Der Feuerwehrplan besteht im Einzelnen aus:

- einem Objektlageplan im Maßstab 1:1.000 oder 1:5.000 mit eingezeichnetem 1 km- und 2 km-Radius. (Stadtplanausschnitt)
- Objektinformationen in Textform
- einem Gesamtübersichtsplan mit Bezeichnung der einzelnen Gebäude, den Zufahrten und Flächen für die Feuerwehr, die befahrbaren Flächen, benachbarte Gebäude und deren Nutzung, die Wasserentnahmestellen und sofern vorhanden, die Lage der Brandmeldezentrale, des Feuerwehrbedienfelds, des Feuerwehrschlüsseldepots, der Brandmeldeanlage und des Freischaltelements.
- einem Objektplan, sofern aufgrund der Größe des Objekts nicht alle Informationen im Übersichtsplan eingezeichnet werden können

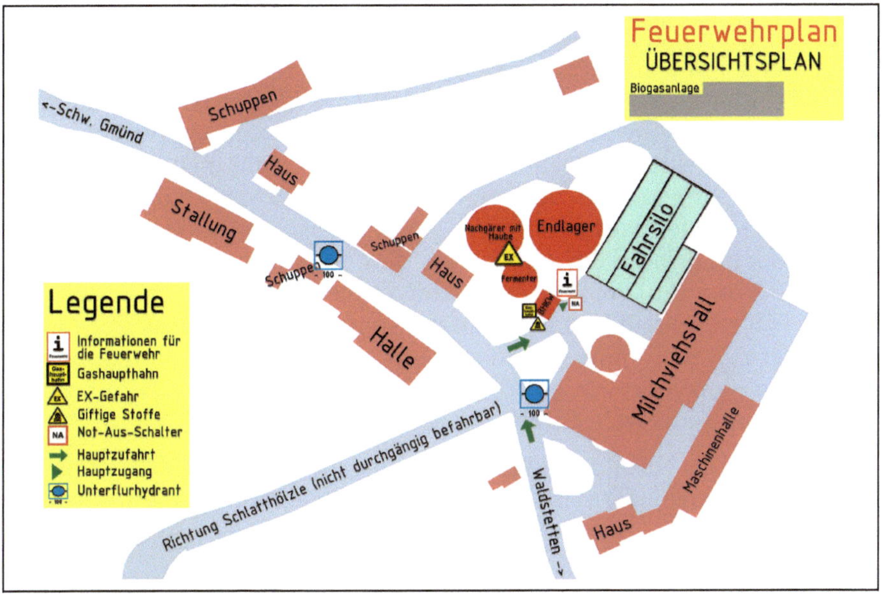

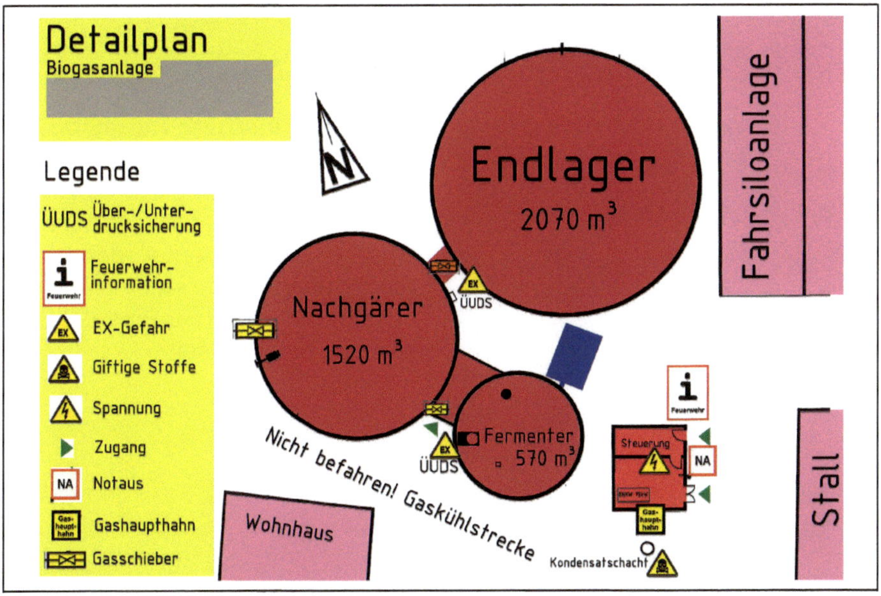

Abb. 128 und 129: Auszug aus einem Feuerwehrplan für Biogasanlagen nach DIN. (Grafiken: Weber, Schwäbisch Gmünd)

4.3.3 Kanaleinlaufpläne

Aufgrund der von Substrat ausgehenden Gefahr für die biologische Stufe von Kläranlagen, aber auch für Oberflächengewässer, ist im Falle eines Substrateintritts eine schnelle Reaktion der Feuerwehr notwendig. Sind Flächen von Substrat bedeckt, ist es in der Regel nicht mehr möglich, Kanaleinläufe ohne großen Aufwand aufzuspüren. Darum ist es dringend angezeigt, Kanaleinläufe im Umkreis von Biogasanlagen im Vorfeld in einen Kanaleinlaufplan einzuzeichnen. Dies erspart langwieriges Suchen, was eine große Zahl von Einsatzkräften bindet, die gerade im Ersteinsatz meist nicht zur Verfügung stehen. Der Kanaleinlaufplan muss im Einsatzfall sofort zur Verfügung stehen und sollte deshalb entweder zusammen mit dem Feuerwehrplan am Objekt hinterlegt werden oder auf einem Fahrzeug der Feuerwehr (ELW 1) mitgeführt werden.

Alternativ ist im Vorfeld zu klären, ob es möglich ist, auf die entsprechenden Daten aus Geoinformationssystemen der Behörden und Ämter zugreifen zu können.

4.4 Taktik

4.4.1 Austritt von Gülle oder Substrat

Abb. 130: Substrataustritt. (Foto: Baumann)

Ein relativ häufiger Einsatzfall ist der Austritt von Gülle oder flüssigen Substraten aus einer Biogasanlage oder aus Lagerbehältern in landwirtschaftlichen Betrieben. Dies kann die Folge eines Fehlers in der Anlage oder eines Bauteilversagens am Behälter sein.

Gefahren:

- Ausbreitung – für Umwelt und Sachwerte
- Biologische Gefahren – für Einsatzkräfte

Persönliche Schutzausrüstung:

Bei Arbeiten, bei denen die Gefahr der Kontamination besteht: Körperschutz Form II, Atemschutz P2, Augenschutz gegen Schmierinfektion. Im Zweifelsfall und bei gleichzeitigem Austritt von Biogas umluftunabhängiger Atemschutz, Dekon Stufe II.

Maßnahmen der Feuerwehr:

Anfahrt wenn möglich mit dem Wind. Bereich absperren, Menschenrettung unter Atemschutz – mit Ex-Atmosphäre rechnen. Gasmessung auf CO_2, H_2S, CH_4 (Geländeform beachten) und Ex-Messung, Biogasanlage abschalten (lassen).

Menschenrettung mindestens unter Körperschutz Form 1 mit umluftunabhängigem Atemschutz, wenn Lage unklar.

Beurteilung der Stabilität der havarierten Gebäude durch Baufachberater. Substrataustritt wenn möglich durch Abschiebern oder Leckabdichtung stoppen. Ausbreitung in Oberflächengewässer und Gräben verhindern. Zu diesem Zweck kann es notwendig sein, schnell behelfsmäßige Dämme anzulegen. Gräben und kleinere Fließgewässer können mit Strohballen behelfsmäßig abgesperrt werden, Landwirte mit entsprechendem Gerät hinzuziehen. Eventuell mobile Dammsysteme oder Sandsäcke nachfordern. Auf größeren Fließgewässern können schwimmende Ölsperren zumindest einen Teilerfolg bringen. Kanaleinläufe verschließen.

Besondere Maßnahmen:

Bei Bedarf schweres Gerät von Bauunternehmern oder den entsprechenden Fachgruppen des THW nachfordern. Sachkundigen und/oder Betreiber hinzuziehen. Gefahrgutzug in AAO aufnehmen.

Zu verständigende Behörden:

- Untere Wasserschutzbehörde
- Untere Umweltschutzbehörde
- Klärwerk (sofern Substrat in Abwasserkanäle gelangt ist)

4.4.2 Austritt von Biogas

Gefahren:

- Ausbreitung, Atemgifte (CO_2, H_2S)
- Brand, Explosion (CH_4)
- Chemische Gefahren

Persönliche Schutzausrüstung:

Umluftunabhängiger Atemschutz

Maßnahmen der Feuerwehr:

Anfahrt wenn möglich mit dem Wind. Weiträumig absperren, Windrichtung beachten, Menschenrettung unter Atemschutz – mit EX-Atmosphäre rechnen. Gasmessung auf CO_2, H_2S (Geländeform beachten) und EX-Messung, beschädigten Bereich abschiebern bzw. absperren. Wenn möglich, Anlage abschalten (lassen). Sonderlöschmittel in Bereitstellung (Pulver).

Besondere Maßnahmen:

Sachkundigen und/oder Betreiber hinzuziehen.
Gefahrgutzug in AAO aufnehmen.
Einsatz der ATF prüfen.

Zu verständigende Behörden:

- Arbeitsschutzbehörde
- Umweltbehörde

4.4.3 Brand von Biogas

Gefahren:

- Atemgifte
- Ausbreitung
- Brand
- Explosion

Persönliche Schutzausrüstung:

Umluftunabhängiger Atemschutz

Maßnahmen der Feuerwehr:

Brände von Biogas werden wie alle Gasbrände nicht gelöscht, es wird die Gaszufuhr abgesperrt. Umgebung kühlen. Bei Bränden im Bereich des Maschinenhauses Gaszufuhr absperren, Not-Aus betätigen, mit geeignetem Löschmittel löschen, Sicherheitsabstände beachten (Netzanschluss!).

Besondere Maßnahmen:

Sachkundigen und/oder Betreiber hinzuziehen.

4.4.4 Freisetzung von Schwefelwasserstoff

Schwefelwasserstoff (H_2S) kann auch außerhalb eines Fermenters auftreten.

Bei der anaeroben Zersetzung von Proteinen durch Enzyme entsteht langsam Schwefelwasserstoff. Da Schwefelwasserstoff eine höhere Dichte als Luft besitzt, sammelt es sich in tiefergelegenen Bereichen (z.B. Gräben, Siele, Senken). Eine langsame Freisetzung von Schwefelwasserstoff ist theoretisch in jeder Biogasanlage möglich.

Beim Einbringen von Substanzen mit hohem Schwefelgehalt, mit unterschiedlichen Temperaturen und mit unterschiedlichem pH-Wert (Säure-Base-Reaktion) kann es zu einer schlagartigen Freisetzung von Schwefelwasserstoff kommen. (Vergleiche hierzu auch die Unfallberichte Biogasanlage Rhadereistedt mit vier Toten[1].)

Typische Produkte, die zur schlagartigen Schwefelwasserstofffreisetzung neigen sind:

- Schlachtabfälle
- Tierhäute, Lederabfälle
- Darmabfälle
- Proteinabfälle
- Heilschlamm, Moorerde

Gefahren:

- Atemgifte
- Chemische Gefahren
- Brandgefahr

---

1 https://www.welt.de/print-welt/article176722/Unfall-in-Biogas-Anlage-fordert-viertes-Todesopfer.html

Persönliche Schutzausrüstung:

Zur Menschenrettung vollständige PSA mit umluftunabhängigem Atemschutz, Notdekon unter umluftunabhängigem Atemschutz und anschließendes Entkleiden und luftdichtes Verpacken der PSA.

Körperschutz Form III (CSA), Dekon Stufe II.

Maßnahmen der Feuerwehr:

Die Anfahrt muss, wenn möglich, mit dem Wind erfolgen. Wetterdaten einholen und Windrichtung vor Ort beobachten, durch z.B. Aufstellen eines Windsacks oder behelfsmäßiges Absperrband an der Antenne. Messtechnik ist umgehend einzusetzen.

ABC-Zug alarmieren. Alarmierung ATF (Analytische Taskforce CBRN des Bundes) prüfen.

Es ist sofort eine weiträumige Absperrung zu veranlassen, dabei ist die Windrichtung zu beachten. Es ist praktikabel, den Angriffstrupp des ersten Fahrzeugs bereits vor der Einsatzstelle aussteigen zu lassen und diesen vor dem Fahrzeug zur Einsatzstelle laufen zu lassen. Ausgerüstet mit einem Gasmessgerät, welches zur Detektion von Schwefelwasserstoff geeignet ist, kann so die innere Absperrgrenze festgelegt werden.

Menschenrettung nur unter umluftunabhängigem Atemschutz, anschließende Dekon und luftdichtes Verpacken der PSA (vgl. hierzu Unfallbericht Rhadereistedt!). Patienten sind vor dem Verbringen in Fahrzeuge an der DEKON-Stelle vollständig zu entkleiden und zu dekontaminieren, um eine Kontaminationsverschleppung zu vermeiden. Die Kleidung ist luftdicht zu verpacken.

Einsatz von Messtrupps und Messfahrten in der Umgebung (ABC ErkW/ Spür- und Messeinheiten, ATF), Geländeform, Keller und Gruben beachten. Ausbreitungsmodelle verwenden.

Räume belüften. Schwefelwasserstoff ist hochentzündlich, daher ist durch das zweite Fahrzeug des Zuges ein Löschangriff mit Sonderlöschmittel grundsätzlich vorbereitet.

Beim Einsatz von RTH ist der durch die Rotorblätter erzeugte „Down-Wash“ (Abwind) zu beachten, ebenso beim Einsatz von Hubschraubern zur Erkundung der Einsatzstelle aus der Luft. In höhere Luftschichten aufgestiegener (warmer) Schwefelwasserstoff kann so wieder in Erdnähe gedrückt werden und Einsatzkräfte gefährden. Die Landeplätze und der Anflug sind mit dem Luftfahrzeugführer dahingehend abzustimmen. Empfohlen wird ein Landeplatz auf der dem Wind zugewandten Seite.

Bei Zugeinsatz:

Das erste Fahrzeug legt inneren Absperrbereich fest und geht zur Menschenrettung mindestens unter KSF 1 vor. Der GF ist Abschnittsleiter Rettung/Gefahrenabwehr. Der Wassertrupp stellt den Sicherheitstrupp. Das zweite Fahrzeug des Zuges baut eine Not-Dekon auf und sperrt die Einsatzstelle nach außen ab (äußerer Absperrbereich), sofern möglich. Der Gruppenführer ist Abschnittsleiter NOTDEKON.

Der Einsatzleiter veranlasst die Nachalarmierung weiterer Kräfte und legt einen geeigneten Bereitstellungsraum fest.

Besondere Maßnahmen:

Sachkundigen und/oder Betreiber hinzuziehen. Gefahrgutzug alarmieren, ATF prüfen.

Zu verständigende Behörden:

- Polizei
- Umweltbehörde
- Arbeitsschutz
- Sielwesen

4.4.5 Brand im BHKW

Abb. 131: Brennendes Maschinenhaus. (Foto: Baumann)

Gefahren:

- Atemgifte
- Ausbreitung
- Elektrizität

Persönliche Schutzausrüstung:

Umluftunabhängiger Atemschutz

Maßnahmen der Feuerwehr:

Die Gaszufuhr ist abzuschieben, der Not-Aus-Schalter ist zu betätigen. Strom abschalten (lassen). Ablöschen unter Einhaltung der Sicherheitsabstände mit Sonderlöschmittel (Pulver, CO_2). In Anlagen mit Zündstrahlmotoren können größere Mengen Zündöl vorhanden sein.

Beim Bruch von Dampfleitungen am BHKW besteht die Gefahr der Verbrühung! Fällt das BHKW zur Biogasverbrennung aus, muss zeitnah eine andere Lösung zur Verbrennung des Gases gefunden werden, da der Prozess der Fermentation nicht schlagartig beendet werden kann. Wenn die Gasfackel ebenfalls ausgefallen oder nicht vorhanden ist, muss zeitnah eine mobile Gasfackel beschafft werden.

Besondere Maßnahmen:

Sachkundigen und/oder Betreiber hinzuziehen.

4.4.6 Rettung aus Behältern und Gruben

Immer wieder stürzen Tiere oder Menschen in Güllegruben und müssen gerettet werden.

Gefahren:

Atemgifte
Absturz
Biologische Gefahren
Ertrinken
Explosionen

Persönliche Schutzausrüstung:

Umluftunabhängiger Atemschutz, Körperschutz Form II, Dekon Stufe II

Maßnahmen der Feuerwehr:

In Vorratsbehältern (z.B. Güllegruben), Vorgruben u.ä. ist immer mit dem Vorhandensein von Atemgiften und einer explosionsfähigen Atmosphäre zu rechnen. Entsprechend sind bis zur Freimessung nur ex-geschützte Leuchtmittel und Funkgeräte zu verwenden, es ist darauf zu achten, dass Einsatzkräfte keine nicht-ex-geschützten Geräte (Mobiltelefone, Funkmeldeempfänger) mitführen. Gülle fällt in die Kategorie IIB nach FwDV 500, PSA ist entsprechend auszuwählen.

Müssen Nutztiere gerettet werden, ist nach Möglichkeit ein Tierarzt sowie der Tierbesitzer hinzuzuziehen. Dabei ist darauf zu achten, dass sich diese Personen außerhalb des direkten Gefahrenbereichs bewegen. Zum Anheben von Großtieren haben sich spezielle Tierrettungsgeschirre als geeignet erwiesen. Stehen solche nicht zeitnah zur Verfügung, können B-Schläuche als provisorische Gurte zweckentfremdet werden. Da es sich dabei um eine Anwendung handelt, für die das Material nicht geprüft ist, muss mit besonderer Umsicht gehandelt werden. Nur die absolut notwendigen Einsatzkräfte sind im Gefahrenbereich zu belassen. Diese Kräfte sollten, wenn irgend möglich, im Umgang mit Großvieh geübt sein und die entsprechenden Verhaltensweisen der Tiere kennen (Landwirte, Tierärzte, etc.)

Besondere Maßnahmen:

Sachkundigen und/oder Betreiber hinzuziehen. Bei Unfällen mit Tieren Tierarzt hinzuziehen.

Zu verständigende Behörden:

- ggf. Kreisveterinär bei Tieren informieren
- Zuständiger (Hof-)Tierarzt

5 Anlagen

5.1 Taschenkarte Photovoltaik

- Bei Fahrzeugaufstellung Platz für Hubrettungsfahrzeuge vorsehen
- Sicherheit vor Schnelligkeit – Objekt gründlich erkunden
- Zeitvorteil durch „Einsatz mit Bereitstellung“ nutzen (lageabhängig)
- Sicherheitsabstände zu elektrischen Einrichtungen einhalten
- Auf Hinweis- und Warnschilder achten
- An Batteriestromspeicher denken
- Weitere Energieerzeugungsanlagen vorhanden? (BHKW, Windgenerator, etc.)
- Alle Einsatzkräfte auf PV-Anlage und besondere Gefahren hinweisen
- Auf Trümmerschatten achten
- Besondere Vorsicht bei überfluteten Räumen
- Objekt immer spannungsfrei schalten lassen (Energieversorger/Elektrofachkraft), bei Batteriespeichern wird dies die Notstromfunktion automatisch aktivieren. Diese muss zusätzlich am Gerät selbst deaktiviert werden!
- DC-Freischalter betätigen (falls gefahrlos möglich)
- Not-Aus-Schalter/„Feuerwehrschalter“ betätigen (falls vorhanden)
- Fachfirma (PV, Batteriespeicher) hinzuziehen (ggf. telefonisch) und Betreiber benachrichtigen
- Modulflächen nicht betreten
- Keine Module einschlagen oder zerstören
- Nichts auf- oder abschrauben – keine elektrischen Verteiler öffnen
- Keine DC-Leitungen oder Steckverbinder trennen
- Lüftungsanlagen ausschalten
- Umluftunabhängigen Atemschutz tragen
- Strahlrohrabstände gemäß DIN VDE 0132 bei Löschmaßnahmen einhalten
- Löschmittel vorzugsweise Wasser und Feuerlöscher mit CO_2,
- Schaum nur in spannungsfreien Anlagen (vgl. DIN VDE 0132)
- Falls Brandherd von der Modulfläche verdeckt ist, nach alternativen Zugängen suchen (Nordseite des Daches, Giebelseite, Innenangriff, Coldcut, etc.)

- Nach Einsatzende Gefahrenbereiche absperren und Einsatzstelle an Betreiber, Eigentümer oder Vertreter übergeben (Dokumentation PV-Stromspeicher, siehe Abb. 41)
- Kein Wiedereinschalten durch die Feuerwehr

5.2 Taschenkarte Windenergie

Anfahrt

- Einsatzunterlagen nutzen (WEA NIS)
- Rückmeldung mit genauer Einsatzstelle und Anfahrt
- Einweiser/Lotsen

Absperrung

- Mindestens 500 m, in Windrichtung u.U. 1.000 m
- Einsatzabschnitt Sperren mit eigenem Kanal einrichten
- Sperrenplan verwenden
- Rechtzeitige Ablösung und Versorgung der Absperrposten
- Gilt auch für Autobahnen, Bahnstrecken, Wasserstraßen

Wasserversorgung

- Einschränkungen durch Absperrungen möglich

Presse

- Pressearbeit vorbereiten, wenn vorhanden Pressesprecher installieren
- Wenn keine Pressesprecher vorhanden – keine Infos, auf spätere Stellungnahme verweisen
- Auf Dinge hinweisen, die man gemacht hat, nicht auf das, was man nicht gemacht hat
- Wartendes Personal in Bereitstellungsräume verlegen
- Leserreporter!

Brand Gondel

- Totalschaden, kein Eingreifen der Feuerwehr erforderlich
- Herabstürzende Trümmer und Folgebrände möglich

Brand Turm

- Wärmebildkamera einsetzen
- Turm abdichten
- Nach Rücksprache mit dem Hersteller inertisieren

Brand Übergabestation

- Vorgehen nach DIN VDE 0132

Verletzter Monteur

- Höhenretter rechtzeitig alarmieren
- Vorstieg nur mit Höhensicherung – gilt auch für Rettungsdienst
- Einweiser/Lotsen
- Befahranlage vorhanden? Nutzbar?

Eiswurf/herabfallende Bauteile

- Abstand!
- Kettenreaktion möglich

5.3 Taschenkarte Biogas

- Anfahrt mit dem Wind, sobald die Alarmmeldung den Verdacht auf Gasaustritt nahelegt
- Nachalarmierung Gefahrgutzug sofort, Alarmierung der ATF prüfen
- Aufstellungsraum außerhalb (EX-)Gefahrenbereich wählen, frühzeitig mit Bereitstellungsräumen arbeiten
- Immer mit geeigneten, feuerwehreigenen Messgeräten die Gefährdungssituation beurteilen
- Anlagenbetreiber hinzuziehen
- Bei allen Einsätzen frühzeitig den Brandschutz sicherstellen, Sonderlöschmittel prüfen
- Kontamination mit Gülle vermeiden, im Zweifel PSA verwenden
- Frühzeitig (Not-)Dekon gemäß FwDV 500 einrichten lassen
- Gruben, Schächte und unterirdische Räume nur mit umluftunabhängigem Atemschutz betreten, Messgerät mitführen und EX-Schutz beachten
- Gasschieber schließen
- Not-Aus-Schalter betätigen

- Feuer am Fermenter nicht löschen, solange Gaszufuhr nicht abgeschiebert wurde
- Bei Feuer am BHKW Gasleitung abschiebern und Not-Aus-Schalter betätigen, Löschen mit Schaum, Pulver oder CO_2. Abstände zu elektr. Anlagen einhalten.
- Bei Bränden an Gebäudeteilen und der Isolierung Riegelstellung, insbesondere zum Gaslager, Gaslager vor Hitze, Funkenflug und Flugfeuer schützen
- Bei Substrataustritt eindeichen und/oder auffangen, offene Gewässer und Kanaleinläufe schützen
- Bei Biogasaustritt Brandschutz sicherstellen, Überprüfung der Umgebung, vor allem der Räume unter Erdniveau, auf Gaskonzentration
- Absperren der EX-Zone
- Verwirbelung mit ex-geschützten Lüftern!
- Anlage herunterfahren (lassen)
- Insbesondere bei Anlagen gem. Bioabfallstoffverordnung an die Gefahr von Schwefelwasserstoffbildung denken

Abkürzungen

A	=	Ampere (Einheit des elektrischen Stroms)
AC	=	Wechselstrom
ATF	=	Analytische Taskforce des Bundes
BHKW	=	Blockheizkraftwerk
CH_4	=	Methangas
CO_2	=	Kohlenstoffdioxid
DC	=	Gleichstrom
DIN	=	Deutsches Institut für Normung
EE	=	Erneuerbare Energie(n) (Sammelbegriff)
EFH	=	Einfamilienhaus
ESG	=	Einscheibensicherheitsglas
FwDV	=	Feuerwehrdienstvorschrift
GAK	=	Generatoranschlusskasten
H_2S	=	Schwefelwasserstoff
HSR	=	Hohlstrahlrohr
kWh	=	Kilowattstunde (Einheit der elektrischen Arbeit)
NAWARO	=	Nachwachsende Rohstoffe
N/A	=	Netz- und Anlagenschutz
PV	=	Photovoltaik
SiO_2	=	Siliziumdioxid
V	=	Volt (Einheit der elektrischen Spannung)
VDE	=	Verband der Elektrotechnik, Elektronik und Informationstechnik
W	=	Watt (Einheit der elektrischen Leistung)
WEA	=	Windenergieanlagen
Wp	=	Watt peak (elektr. Spitzenleistung)
WR	=	Wechselrichter

Literaturverzeichnis

Allgemein

Cimolino, Ulrich (Hrsg.): Einsatzstellen-Kommunikation, Reihe Einsatzpraxis, ecomed-Storck GmbH, Landsberg am Lech, 2000–2008

Cimolino, Ulrich (Hrsg.): Atemschutz, Reihe Einsatzpraxis, ecomed-Storck GmbH, Landsberg am Lech, 2004–2011

Cimolino, Ulrich: Vorschlag zur Kennzeichnung von Führungsfahrzeugen und Räumen, Düsseldorf, 2004–2024

Cimolino, Ulrich et al.: Der Zug im Einsatz von Löschgeräten, Reihe Standard-Einsatz-Regeln, ecomed-Storck GmbH, Landsberg am Lech, 2005

Cimolino, Ulrich (Hrsg.): Einsatzleiterhandbuch – Feuerwehr, ecomed-Storck GmbH, Landsberg am Lech, Stand: 2024

Cimolino, Ulrich; de Vries, Holger: Die Gruppe im Einsatz von Löschgeräten, Reihe Standard-Einsatz-Regeln, ecomed-Storck GmbH, Landsberg am Lech, 2005

Cimolino, Ulrich; Graeger, Arvid und de Vries, Holger: Standard-Einsatz-Regeln (SER), in: Das große Feuerwehrhandbuch, ecomed-Storck GmbH, Landsberg am Lech, 2003 sowie FFZ, 2003, www.standardeinsatzregel.org

Cimolino, Ulrich; Weich, Andreas: Kennzeichnung von Führungskräften, Fahrzeugen und Plätzen, Reihe Standardeinsatzregel, ecomed-Storck GmbH, Landsberg am Lech, 2007–2024

DGUV: UVV Feuerwehren, DGUV Vorschrift 49, Juni 2018; https://publikati onen.dguv.de/widgets/pdf/download/article/1507, abgerufen: 09.03.2024

Graeger, Arvid (Hrsg.): Einsatz- und Abschnittsleitung, Reihe Einsatzpraxis, ecomed-Storck, Landsberg am Lech, 2003–2009

Land Brandenburg: Gefahrenabwehr an Anlagen zur Gewinnung erneuerbarer Energien, Landesschule und Technische Einrichtung für Brand- und Katastrophenschutz, Eisenhüttenstadt, 2012

Photovoltaik

Antony, F., Dürschner, Ch., Remmers, K.-H.: „Photovoltaik für Profis – Verkauf, Planung und Montage von Solarstromanlagen, 2., vollständig überarbeitete Auflage, Solarpraxis AG Berlin (Hrsg.), Verlag Solare Zukunft Erlangen (Hrsg.) 2009

Beneking, A. „Löschen mit Risiko“ Photon, Heft 1/2011, Photon Europe GmbH, Aachen, 2011

Bundesverband Solarwirtschaft e.V., Berlin: „Merkblatt für Einsatzkräfte – Einsatz an stationären Lithium-Solarstromspeichern“ https://www.speichersicherheit.de/images/PDF/Merkblatt-Einsatzkraefte-Lithium-Ionen-Speicher.pdf (abgerufen bei www.speichersicherheit.de am 12.1.2024)

Deutscher Feuerwehrverband: „Einsatz an Photovoltaikanlagen – Informationen für Einsatzkräfte von Feuerwehren und technischen Hilfsdiensten“, 1. Auflage, Okt. 2010 https://www.feuerwehrverband.de/app/uploads/2020/05/BSW_Feuerwehrbroschuere_2010.pdf; abgerufen am 04.01.2024

De Vries, Holger: Brandbekämpfung mit Wasser und Schaum, ecomed-Storck GmbH, Landsberg am Lech, 2000–2008.

Deutsche Gesellschaft für Sonnenenergie (DGS), Berlin: „Anhörung zur Änderung der Musterbauordnung (MBO) – Stellungnahme“ https://www.dgs.de/fileadmin/newsletter/2022/Stellungnahme-MBO_Solarverbaende.pdf (abgerufen 12.1.2024)

Deutsche Gesetzliche Unfallversicherung e.V. (DGUV), Berlin: „FBHM-124 Umgang mit Hochvoltspeichern 2022.03“ https://publikationen.dguv.de/regelwerk/publikationen-nach-fachbereich/holz-und-metall/fahrzeugbau-antriebssysteme-instandhaltung/4518/fbhm-124-umgang-mit-hochvoltspeichern (abgerufen 12.1.2024)

Ellmann, Ch.: „Photovoltaikanlagen im Feuerwehreinsatz“, Christian Ellmann Technologie (CET), Chamerau, 2009 http://www.cetechnologie.de/pv-feuerwehr.pdf; abgerufen am 04.01.2024

Expertenkommission „Brandschutzgerechte Planung, Errichtung Und Instandhaltung Von Pv-Anlagen“, Broschüre „Brandschutzgerechte Planung, Errichtung und Instandhaltung von PV-Anlagen“ Feb. 2011

Häberlin, H.: „Gefährdung der Feuerwehr beim Löschangriff an PV-Anlagen bei Mond- und Kunstlicht“, Berner Fachhochschule Technik und Informatik, Burgdorf, Schweiz, 2012 http://www.pv-brandsicherheit.de/fileadmin/WS_26-01-12/PV_Feuerwehr_HH_2012-01_2F-pro-S_Homepage.pdf; abgerufen am 04.01.2024

Hellmann, Tanja: Übergabeprotokoll Fahrzeuge mit alternativen Antrieben, in: CIMOLINO, ELH, 2024

SMA Solar Technology AG: „Information Brandbekämpfung an PV-Anlagen", Niestetal, Dez. 2010

Solaranlage.eu: Enthalten Photovoltaik-Module giftige Substanzen?, 2024; https://www.solaranlage.eu/pv-anlage/gefahren/giftige-substanzen, abgerufen: 17.03.2024

Stegmaier, Ralf: Photovoltaikanlagen: Wie groß ist die Gefahr eines Stromschlages?, in: brandschutz 5/11, Verlag W. Kohlhammer, Stuttgart, 2011

VDE FFN, Forum Netztechnik/Netzbetrieb im VDE, FFN Hinweise „Steckerfertige PV-Anlagen" https://www.vde.com/de/fnn/themen/tar/tar-niederspannung/erzeugungsanlagen-steckdose, abgerufen 12.1.2024

vfdb: Übergabeprotokoll KFZ, MB 06/12, vfdb, Münster, 2023; https://www.vfdb.de/media/doc/merkblaetter/MB_06_12_Uebergabeprotokoll_Fahrzeuge.pdf, abgerufen: 09.03.2024

Wolf, Ulrich: Dokumentation PV-Stromspeicher – Formular zur Einsatzdokumentation an PV-Anlagen/Stromspeicher, Bad Hersfeld, Blog pvsafety.de, 2023

Windenergie

AKSIWE: Ratgeber für den Notfalleinsatz an Windenergieanlagen, 2002

Althoff, Joachim: Überall Splitter, 60 Bauern betroffen, in: Westfalen-Blatt vom 16.04.2018; https://www.westfalen-blatt.de/owl/kreis-paderborn/borchen/uberall-splitter-60-bauern-betroffen-1306528, abgerufen: 17.03.2024

Bundesverband Windenergie: BWE Marktübersicht 2010, Bundesverband Windenergie e.V., Berlin, 2010

Bundeswehr: Einsatzstellen mit Faserverbundwerkstoffen – eine Handreichung zur Gefahrenabwehr, Zentrum Brandschutz der Bundeswehr, Sonthofen

Deutscher Feuerwehrverband: DFV Empfehlung 1/2008 Einsatzstrategien an Windenergieanlagen, 2008 (zur Zeit zurückgezogen)

Deutsche Gesetzliche Unfallversicherung: DGUV Information 203-007 „Windenergieanlagen", Berlin, 2021

Fachagentur Windenergie an Land: Entwicklung der Windenergie im Wald, 6. Auflage, Berlin 2021

Feuerwehrleben: Brennende WEA nicht gelöscht, sondern ausgeklebt, 2010; https://www.feuerwehrleben.de/brennende-windkraftanlage-feuer-nicht-geloscht-sondern-ausgeklebt/, abgerufen: 09.03.2024

Huwald, Michael: Einsatz an Windenergieanlagen, Brandschutz Deutsche Feuerwehrzeitschrift, Verlag Kohlhammer 2002

Kohl Stefan: Spiel mit dem Feuer, Erneuerbare Energien, Hannover, 2011

Regierungspräsidium Darmstadt: Merkblatt Windenergieanlagen Hinweise für Planung und Ausführung, Darmstadt, 2020

Biogas

Bayer. Landesamt für Umwelt (Hrsg.): „Biogashandbuch Bayern – Materialienband“ Augsburg 2022; https://www.lfu.bayern.de/energie/biogashand buch/index.htm, abgerufen: 04.01.2024

Bundesamt für Bevölkerungsschutz und Katastrophenhilfe, Robert Koch-Institut Berlin (Hrsg.): „Biologische Gefahren I – Handbuch zum Bevölkerungsschutz“, 3. vollständig überarbeitete Auflage, Bonn 2007. ISBN-13: 978-3-939347-06-4

Cimolino, Ulrich: „Gefahren der Einsatzstelle“, Kolumne in „Feuerwehrmagazin, 9/2000“, Kortepel-Verlag, 2000

Cimolino, Ulrich (Hrsg.): „Einsatzleiterhandbuch Feuerwehr, ecomed-Storck GmbH, Landsberg am Lech, Stand: 2024

Feuerwehr-Dienstvorschrift 500: Einheiten im ABC-Einsatz, Ausgabe 01/2022

Görisch, Uwe; Helm, Markus (Hrsg.): „Biogasanlagen – Planung, Errichtung und Betrieb von landwirtschaftlichen und industriellen Biogasanlagen“ 2. aktualisierte Auflage, Eugen Ulmer Verlag, Stuttgart 2007. ISBN 978-3-8001-5573-6

Kommission für Anlagensicherheit beim Bundesministerium für Umwelt, Naturschutz und Reaktorsicherheit „Merkblatt Sicherheit in Biogasanlagen“, Berlin Juni 2009

Kuratorium für Technik und Bauwesen in der Landwirtschaft (Hrsg.): „KTBL-Heft 84 – Schwachstellen an Biogasanlagen verstehen und vermeiden“ 2. überarbeitete Auflage, Darmstadt 2009. ISBN 978-3-939371-81-6

Kuratorium für Technik und Bauwesen in der Landwirtschaft (Hrsg.): „KTBL-Heft 91 – Vorbeugender Brandschutz beim landwirtschaftlichen Bauen“ 2. überarbeitete Auflage, Darmstadt 2010. ISBN 978-941583-44-3

Kuratorium für Technik und Bauwesen in der Landwirtschaft (Hrsg.): „Biogas in der Landwirtschaft – Stand und Perspektiven. Tagungsband des FNR/KTBL-Kongress vom 20. bis 21. September 2011 in Göttingen“, Darmstadt 2011. ISBN 978-3-941583-56-6

Landesfeuerwehrschule Baden-Württemberg: „Biogas – Hinweise für den Einsatzleiter“, Bruchsal 2008

Ministerium Ländlicher Raum und Umweltministerium Baden-Württemberg „Merkblatt Gülle-Festmist-Jauche-Silagesickersaft-Gärreste – Gewässerschutz“, Stuttgart 2008

Niederösterreichische Umweltanwaltschaft „Gefahrenpotenzial von Schwefelwasserstoff beim Betrieb von Biogasanlagen – Leitfaden“, St. Pölten 2009

Stachowitz, Wolfgang: „Lernen aus Havarien, Schäden und deren Ursachen und Abhilfen im Anlagenbetrieb von Biogasanlagen – Berichte aus der Praxis“ in Kuratorium für Technik und Bauwesen in der Landwirtschaft (Hrsg.): „Biogas in der Landwirtschaft – Stand und Perspektiven. Tagungsband des FNR/KTBL-Kongress vom 20. bis 21. September 2011 in Göttingen“

„Sicherheitsregeln bei landwirtschaftlichen Biogasanlagen – Arbeitsunterlage 69“ Bundesverband der landwirtschaftlichen Berufsgenossenschaften e.V. Hauptstelle für Sicherheit und Gesundheitsschutz. Kassel, 10/2008.

Technische Regeln für Biologische Arbeitsstoffe 214 (TRBA 214) „Abfallbehandlungsanlagen einschließlich Sortieranlagen in der Abfallwirtschaft“

Technische Regeln für Biologische Arbeitsstoffe 230 (TRBA 230) „Schutzmaßnahmen bei Tätigkeiten mit biologischen Arbeitsstoffen in der Land- und Forstwirtschaft“

Technische Regeln für Biologische Arbeitsstoffe 500 (TRBA 500) „Allgemeine Hygienemaßnahmen: Mindestanforderungen“

Technisch-Wissenschaftlicher Beirat (TWB) der Vereinigung zur Förderung des Deutschen Brandschutzes e.V. „Merkblatt, Empfehlung für den Feuerwehreinsatz bei Biogasanlagen“, vfdb, Altenberge 2012

Verordnung über die Verwertung von Bioabfällen auf landwirtschaftlich, forstwirtschaftlich und gärtnerisch genutzten Böden